省 에너지형 공기압축기시스템

이재형·김희동

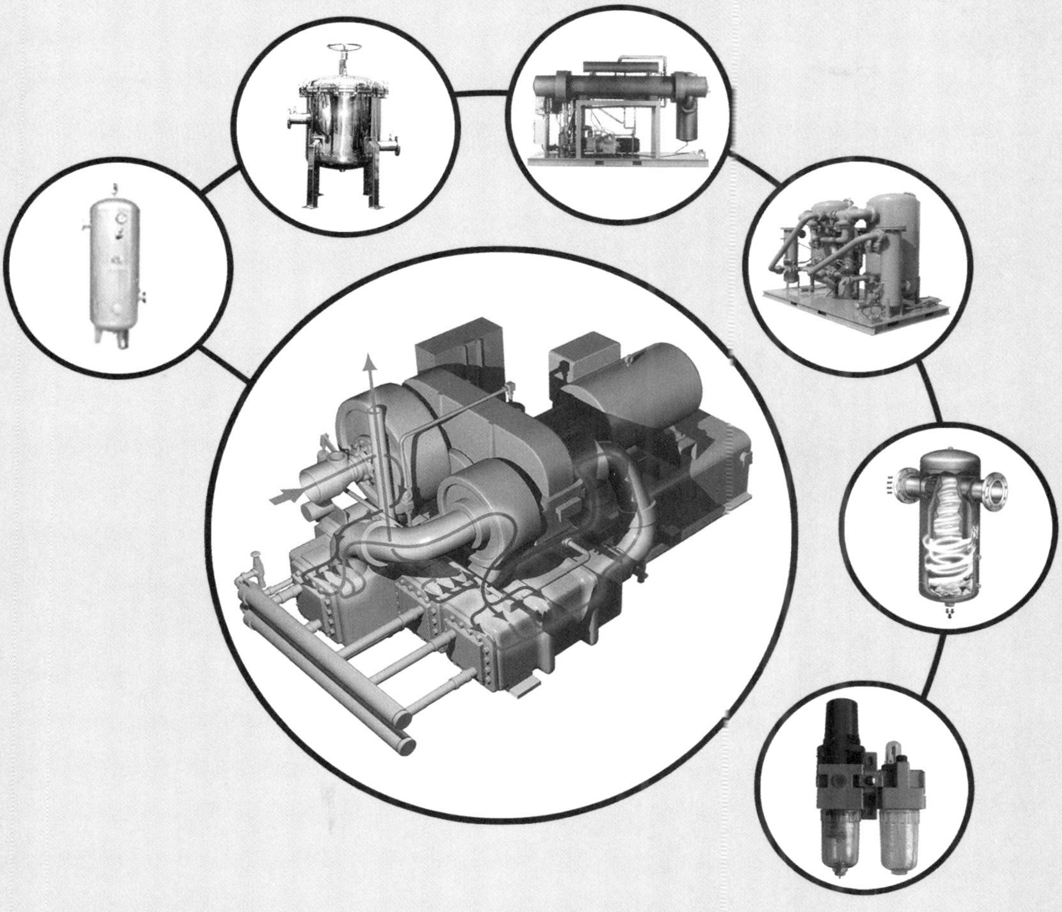

홍릉과학출판사

머리말

공기압축기의 역사는 매우 오랜 과거로 거슬러 올라가며, 공기압축기가 생산하는 압축공기는 전기, 물, 가스, 증기 등과 같이, 농업, 서비스업을 포함한 거의 모든 산업분야의 공장 및 사업소의 가동에 필수·불가결하게 사용되고 있다.

과거 대량생산, 대량소비로 상징되던 개발주도형의 시대에는 압축기 시스템의 구동 에너지 측면보다도 압축기의 고출력화 및 대용량화에 주력하였던 것이 사실이다. 그러나 최근 고유가·저탄소 녹생성장 시대에, 지구 환경문제뿐만 아니라 압축기 시스템의 에너지 비용이 중요한 이슈로 대두되기 시작하여, 기설 압축기 설비뿐만 아니라 신설 압축기 시스템의 에너지 절감에 대한 전문적이고 체계화된 지식이 절실하게 필요하게 되었다.

이 책에서는 최근 세계적으로 많은 관심을 받고 있는 지구온난화 방지, ISO14000, 성(省)에너지법 등과 관련되는 소비전력 저감의 시대적 요구에 따라, 공장 및 사업소의 전체 소비전력의 20%~40%를 차지하고 있는 공기압축기의 소비전력을 저감하기 위해서 필요한, 공기압축기의 용도, 종류, 사양, 제어방법 등과 관련된 기술해설과 전체 압축공기 설비의 효과적 관리에 대해서 기술한다

최근 세계 각국에서 여러 공기압축기 제조사들도 성에너지화의 필요성에 대응하여, 소비전력 성능, 대환경성능 그리고 제어성능 등의 기술개발에 전력을 기울이고 있다. 저자들은 지난 25년간 공기압축기 설비와 관련된 업무 및 관련기술 개발에 종사한 경험을 바탕으로, 이 책에서는 최대한 공기압축기의 최신 성에너지 기술을 설명하는데 노력하였다.

현재 국내의 여러 산업계에서 다양한 공기압 기기들이 매우 광범위하게 사용되고 있는 반면에 중심적으로 사용되고 있는 공기압축기에 대한 전문 해설서가 많지 않아, 이 책에서는 성에너지 기술에 더하여 공기압축기 시스템의 기본적인 사항들에 대해서도 기술하였으며, 공기압축기의 유지보수를 위한 주요 사항들도 함께 기술하였다.

이 책을 집필을 하기 위해서 최근까지 국외에서 출판된 여러 전문서적 및 문헌들, 이외에도 카탈로그 그리고 여러 압축기 제조사의 홈페이지 등을 참고하였다. 이러한 방대한 자료들을 찾아 정리해 주고 도표 작성을 도와준, 국립안동대학교 기계공학부 기체공학 실험실의 대학원생들과 (주)대주기계 이재훈 전무님, 그리고 (주)대주기계 유체기계기술연구소의 여러 연구원들에게 진심으로 감사드린다. 또 이 책을 저술하는 동안 묵묵히 격려해 주고, 늘 따뜻하게 성원해 준 가족들에게도 고마움을 표한다.

끝으로, 이 책의 출판을 위하여 협력을 아끼지 않으신, 홍릉과학출판사의 김기용 이사님께 감사드리며, 이 책이 공기압축기의 성에너지 계획, 압축공기시스템 설계, 유지·보수 관리 등에 관련하는 여러분들께 조금이나마 도움이 될 수 있고, 일상적으로 이용하여 주신다면 큰 기쁨일 것이다.

2010년 1월

저자 일동

차 례

CHAPTER 10 압축공기 시스템의 전체 계획

CHAPTER

1 공기압축기에 관한 기초지식

1.1 공기의 상태량

지구의 대기는 지상으로부터 약 10km까지인 대류권에서는 그림 1.1에 도시한 바와 같이 거의 일정한 조성을 가지는 공기로 이루어져 었으며, 이중에는 질소와 산소가 약 8:2의 비율로 혼합되어 있어, 공기는 혼합기체의 일종이라고 할 수 있다. 이외에도 수증기나, 미량의 다른 기체나 분진 등의 불순물을 포함하고 있다.

단위 : %

기체조성	질 소	산 소	아르곤	이산화탄소
체적조성	78.09	20.95	0.93	0.03
질량조성	75.53	23.14	1.28	0.05

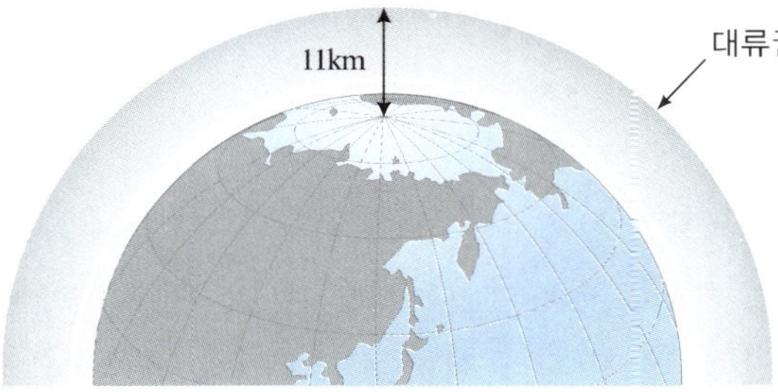

그림 1.1 공기의 조성 백분율

일반적으로 공기는 압력이나 온도에 따라 그 상태가 변화하게 되므로, 지표에 있는 평균적인 공기를 "표준공기"라고 하며, 그 상태를 "표준상태"라고 한다. 압축공기를 취급하는 공기압 분야의 경우, ISO에서는 온도 20℃(절대온도 293.15K), 절대압력 0.1MPa 그리고 상대습도 65%인 습공기를 표준상태에 있는 표준공기로 규정하고 있다.

1.2 공기의 압력

일반적으로 압력은 단위 면적에 작용하는 유체의 힘으로 정의하며, 그림 1.2에는 파스칼의 원리를 도시한다. 압력은 모든 방향으로 균등하게, 벽면에 수직으로 작용한다. 이러한 압력의 단위는 SI단위(국제단위)로, Pa(파스칼)을 사용하는 것이 일반적이다. 1Pa는 $1m^2$의 면적에 1N(Newton)의 힘이 작용할 때의 압력을 의미한다.

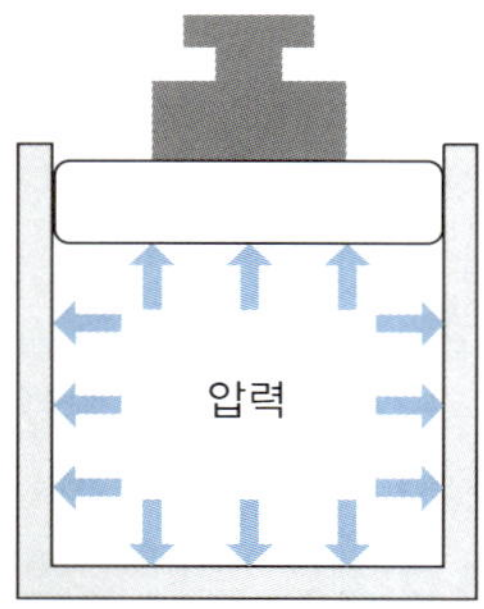

그림 1.2 파스칼의 원리

$$1Pa = 1N/m^2$$

압력은 일반적으로 분야에 따라, 그 크기에 대응하는 접두어를 붙여 사용하고 있다. 예를 들어, 공기압 분야에서는 주로 MPa 또는 kPa를 사용하며, 유압분야에서는 MPa(=10^6Pa), 저 진공분야에서는 kPa(=10^3Pa), 그리고 기상분야에서는 hPa(10^2Pa) 등을 사용한다. 또 파스칼과 유사한 압력단위로 bar를 사용하는 경우도 있으며, 이 경우 1bar는 0.1MPa이다.

한편 대기압력을 기준인 0으로 표기하는 것을 게이지 압력이라 하며, 이 값은 통상적으로 압력계(압력게이지)가 표시하는 값이므로 공학적으로 자주 사용된다. 반면, 완전 진공을 기준인 0으로 표기하는 것을 절대압력이라 하며, 주로 이론계산에 사용된다. 이들 두 압력표기를 그림 1.3에 도시하며, 절대압력 = 게이지압력 + 대기압력으로 된다.

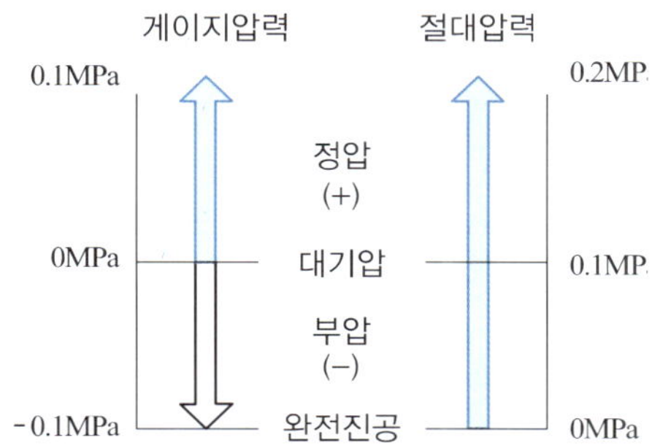

그림 1.3 게이지 압력과 절대압력

1.3 공기 중의 수분

공기 중에 기체 상태로 존재하는 수분을 "수증기"라 하며, 수증기를 포함하는 공기를 "습공기"라고 한다. 이에 반해 수분을 전혀 포함하지 않는 공기를 "건조공기" 또는 "건공기"라고 한다. 수분이 응축하여 액적으로 되면, 배관이나 기기의 부식을 초래하는 이외에도 작동불량이나 여러 문제점들을 발생시킨다. 따라서 수분 제거는 공기압 장치에서 매우 중요하다.

공기 중에 어느 정도의 수분의 량이 포함되어 있는지를 나타내는 상태량이 "습도"이다. 어떤 온도에서 습공기가 포함하는 수분량의 상한을 "포화수증기량"이라 하며, 그 수증기가 차지하는 압력을 "수증기 분압"이라 한다. 동일 온도에서 "포화수증기압력"에 대한 수증기 분압을 "상대습도"라 하며, 예를 들어, 습도가 60%라고 하는 것은 이 상대습도를 의미한다.

한편 건조공기의 질량에 대한 수분의 질량의 비율을 "절대습도"라 하며, 그림 1.4는 상대습도와 절대습도의 관계를 도시한다.

$$\text{상대습도} = \frac{\text{습공기 중의 수증기 분압}[\text{kPa}]}{\text{포화 수증기압}[\text{kPa}]} \times 100[\%]$$

$$= \frac{\text{습공기 중의 수증기량}[g/\text{m}^3]}{\text{포화 수증기량}[g/\text{m}^3]} \times 100[\%] \tag{1.1}$$

$$\text{절대습도} = \frac{\text{습공기 중의 수증기 질량}[g]}{\text{습공기 중의 건조공기 질량}[g]} \times 100[\%] \tag{1.2}$$

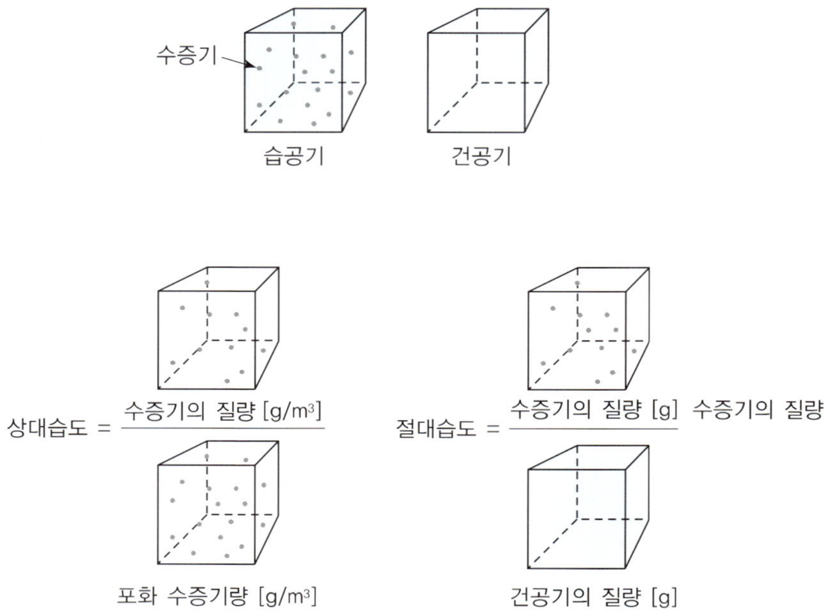

그림 1.4 공기의 습도

어떤 습공기를 일정 압력으로 유지한 채 냉각하면, 포함되어 있는 수증기가 포화하는 온도를 "노점" 또는 "이슬점"이라 한다. 이 온도 이하의 물체에 접촉하게 되면, 공기 중의 수분이 응축하여 이슬이 맺히게 된다. 이러한 노점은 공기 드라이어의 제습 능력을 표시하는 경우에 자주 사용된다. 이 경우 대기 압력 상태에서 발생하는 이슬점을 대기압 노점이라 하고, 압력이 작용한 상태에서 이슬이 맺히는 것을 "압력하 노점" 또는 "압력노점"이라 한다.

한편 응축한 수분과 공기압 기기로부터 분리된 오일성분(유분)이나 분진 등의 혼합액을 드레인(Drain)이라고 하며, 이러한 드레인은 대개의 경우 기기의 작동 및 수명에 악영향을 미치게 되므로, 후냉각기, 공기드라이어 및 공기필터로 제거한다.

1.4 보일-샤를의 법칙

일반적으로 공기는 압력이 높을수록 체적은 반비례하여 작아지게 되며, 온도가 상승하면 체적은 비례적으로 증가하게 된다. 이러한 성질을 "보일-샤를의 법칙"이라 하며, 그림 1.5에 도시하는 바와 같이 표현할 수 있다.

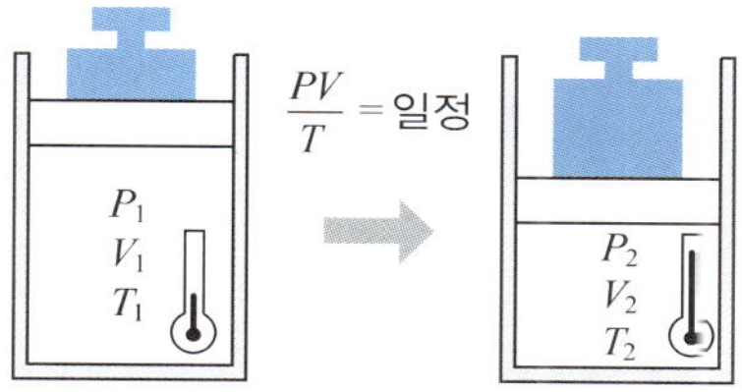

그림 1.5 보일-샤를의 법칙

$$\frac{\text{절대압력} \times \text{체적}}{\text{절대온도}} = \text{일정} \tag{1.3}$$

공기압 시스템에서 어떤 압력과 온도에 있는 압축공기의 량은 이러한 관계식을 이용하여, 전술한 바와 같은 표준상태로 환산하여 표기한다. 이 경우, 공기량 혹은 공기유량의 단위 뒤에 (ANR)을 기재하는 것이 ISO규격에서 정해져 있다. 예를 들면, 공기량 $1m^3$(ANR), 공기유량을 dm^3/min(ANR) 등으로 표기한다.

1.5 공기의 상태변화

기체가 압축이나 팽창에 의하여 그 상태가 변화하는 것을 상태변화라고 한다. 일반적으로 기체의 상태변화는 "폴리트로픽 변화(Polytropic Process)"이지만, 어떤 특정적인 상태변화인 경우에는 다음과 같이 정의한다.

- **정적변화** : 기체의 체적을 일정하게 유지한 상태에서 압력과 온도의 변화
- **정압변화** : 기체의 압력을 일정하게 유지한 상태에서 체적과 온도의 변화
- **등온변화** : 기체의 온도를 일정하게 유지한 상태에서 압력과 체적의 변화
- **단열변화** : 기체가 주위와 열교환을 전혀 하지 않는 상태에서의 변화

공기압 시스템에서 비교적 상태변화가 빠른 경우, 단열변화(Adiabatic Process)에 가까운 상태로 온도변화가 발생한다. 공기압축기에서는 단열 압축된 공기가 고온으로 되므로, 다량의 수분을 수증기로서 포함하게 된다. 따라서 후냉각기(After Cooler)와 공기드라이어(Dryer)로 압축공기를 냉각하고 수분을 제거한 후, 배관으로 압축공기를 보낸다.

공기압 실린더에 압축공기가 충진되어 있는 경우, 특히 외부의 어떤 부하에 의하여 강제적으로 압축을 받게 되는 경우에도 온도상승이 발생한다. 반대로, 배관의 단

면적 변화부나 밸브 등에서 압축공기가 팽창하는 경우, 특히 공기압 실린더로부터 배기되는 경우에는 단열팽창(Adiabatic Expansion)에 의하여 온도가 낮아지게 되므로, 기기내부 혹은 외 표면에 결로 및 동결을 초래하는 경우가 있다. 그림 1.6은 팽창에 의한 온도 변화를 나타낸다.

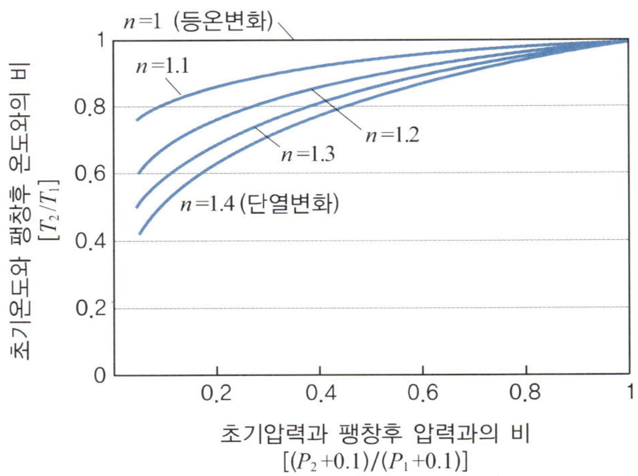

그림 1.6 팽창에 의한 온도강하

1.6 공기소비량

공기압 액추에이터(Actuator) 등과 같이 가변 용적부로 압축공기가 유입하는 경우, 가동부를 변위시켜 기계출력을 발생시키는 원리를 가지는 기계들이 많다. 이들 기계의 내부용적에 충진된 압축공기는, 그림 1.7에 도시한 바와 같은 작동에 의하여 대기로 배출되어 소비된다. 이러한 공기 소비량은 전술한 바와 같은 표준상태로 환산하여 다음의 식으로 나타낸다.

$$\text{공기소비량} = \text{액추에이터 내용적부의 소비량} + \text{배관 내용적부의 소비량}$$

$$= \frac{\text{액추에이터 내용적} \times \text{절대압력}}{\text{대기압}} + \frac{\text{배관 내용적} \times \text{게이지압력}}{\text{대기압}} \; [\mathrm{dm^3(ANR)}] \tag{1.4}$$

여기에서 체적은 SI단위의 dm^3(입방데시미터) 또는 m^3(입방미터)이지만, 가끔 다른 단위로 L(liter)도 사용된다.

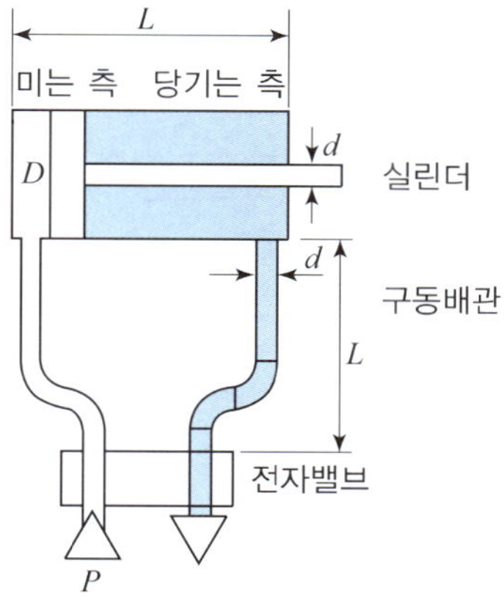

그림 1.7 공기압 실린더 및 구동배관의 공기소비량

1.7 음속 컨덕턴스(Sonic Conductance)

일반적으로 전기 시스템, 열시스템 및 유체시스템에서 발생하는 유동현상은 유통량과 관계하며, 이 유통량은 (컨덕턴스×변위차)로 표현할 수 있다. 여기에서 컨덕턴스는 저항(Resistance)의 역수로 "얼마나 유동하기 쉬운가?"를 나타내는 지표로 이용된다. 따라서 공기압 시스템을 구성하는 기기나 배관에서 "유동의 용이성"을 기기의 종류나 형태에 무관하게 동일한 지표로 정량적으로 파악하고자 하는 것이 컨덕턴스의 개념으로, 시스템의 성에너지를 계획하거나 개선하는데 있어서 중요한 능력 특성값으로 활용된다.

그림 1.8에 도시한 바와 같이, 밸브 등 배관내 유로의 좁은 단면적부를 압축공기가 유동하는 경우, 압력과 유량과의 관계는 그림 1.9에 나타낸 바와 같이 된다. 상류측과 하류측의 압력의 비가 1.0인 경우, 유량은 0이며, 압력비(P_2/P_1)가 작아질수록 유량은 증가하게 된다. 압력비가 더 작아져서, 어떤 압력비가 되면, 유속이 증가하여, 유로의 최소 단면적부에서 유동의 마하수(Mach Number)가 1.0으로 되는 음속상태(Sonic Condition)에 도달하게 된다. 압력비가 더 낮아져서, 이 이하의 압력비로 되더라도 유량이 일정하게 유지되며, 이러한 압력비를 임계압력비(Critical Pressure Ratio)라고 하며, 기호 b로 나타낸다. 일반적으로 임계압력비 이하의 유동을 초크유동(Choked flow)이라고 하며, 이상의 압력비를 가지는 유동을 아음속유동(Subsonic Flow)이라고 한다.

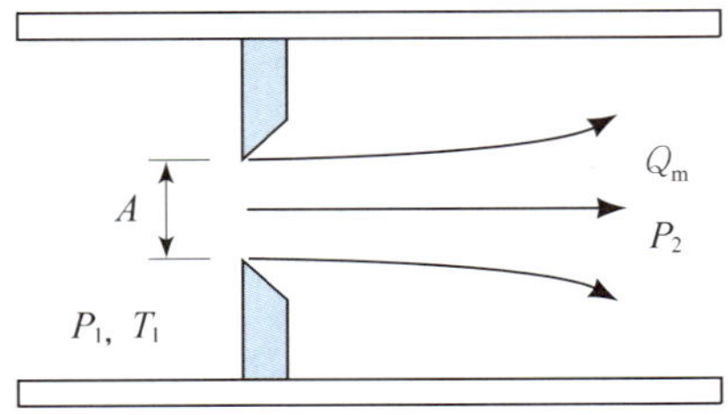

그림 1.8 좁은 유로부를 지나는 유동

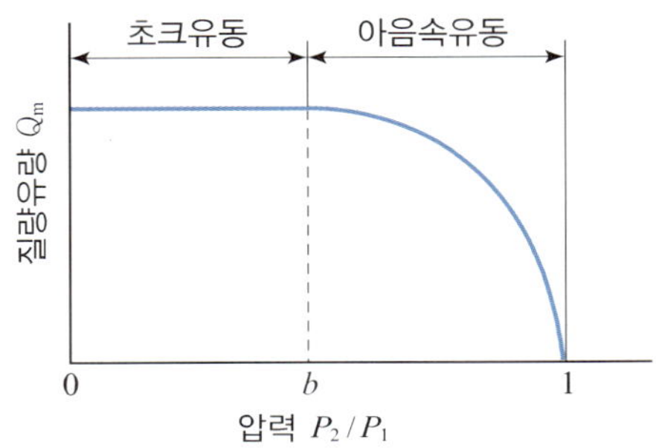

그림 1.9 압축공기 유동의 압력과 유량

일반적으로 초크유동의 체적유량을 상류측 절대압력으로 나눈 값을 음속컨덕턴스(Sonic Conductance)라고 하며, 기로 C[$dm^3/(s \cdot bar)$]로 표기한다.

$$\text{음속 컨덕턴스}(C) = \frac{\text{초크 유량}}{\text{상류절대압력}} \tag{1.5}$$

여기에서 C와 b는 기기의 고유한 값으로, 방향제어밸브 등의 카타로그에 기재되어 있으며, 기기를 선정하는 경우에 중요한 특성값으로 이용된다. 이와 같은 음속컨덕턴스의 시험방법은 ISO 규격에서 정하고 있으나, JIS에서는 지금까지 다음과 같은 "유효단면적(Effective Cross-Sectional Area)"을 규정하고 있다.

$$\text{유효단면적}[mm^2] = 5.0 \times \text{음속 컨덕턴스}[dm^3/(s \cdot bar)] \tag{1.6}$$

1.8 배관의 압력강하(Pressure Drop)

압축공기가 공기압원으로부터 말단의 설비까지 유동하는 경우에, 관벽과의 마찰 또는 유로의 곡면, 확대, 축소 등에서 에너지 손실이 발생하게 되며, 압력강하(또는 압력손실)로서 나타나게 된다. 그림 1.10에 도시한 바와 같이, 관경 d가 작을수록, 길이 L이 길수록, 또 유량이 많을수록 압력강하 Δp는 커지게 된다.

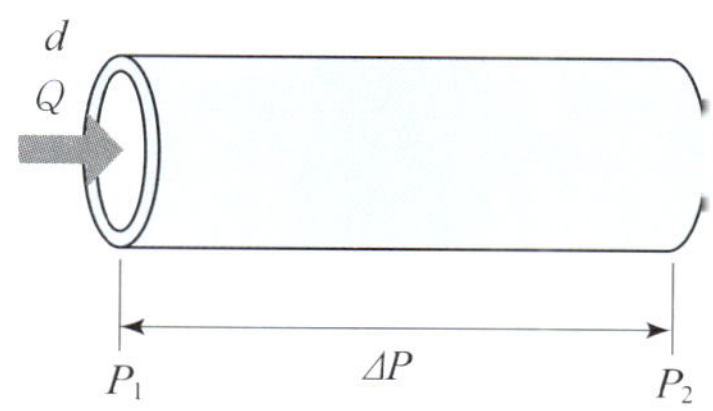

그림 1.10 배관에서 발생하는 압력강하

강관인 경우, 관경(d)과 관의 길이(L)를 전술한 음속컨덕턴스로 환산하면, 그림 1.11과 같이 된다. 음속컨덕턴스는 관의 길이가 길수록, 관경이 작을수록 감소하므로, 유동하기가 어렵게 된다는 것을 의미한다. 따라서 성에너지 측면으로부터 음속컨덕턴스가 감소하지 않도록 공기압 시스템을 설계하는 것이 바람직하다.

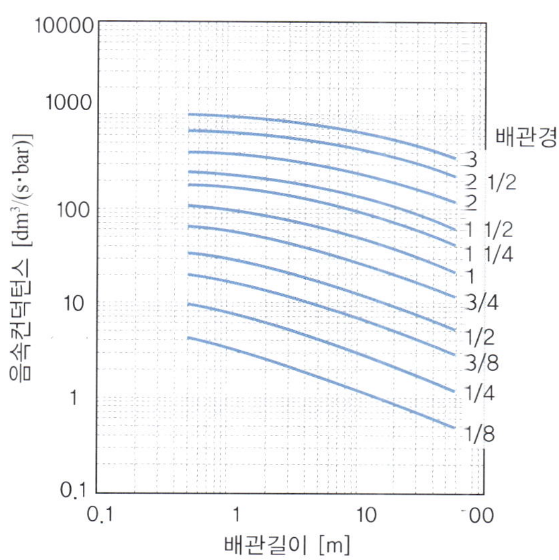

그림 1.11 강관의 음속컨덕턴스

CHAPTER

2 공기압 시스템의 기본 구성과 성(省)에너지 관점

공기압 시스템은 공기를 압축기로 압축하여 얻어지는 에너지를 이용하는 것으로, 실제의 공기압 시스템은 동력원, 공기압 발생원, 열교환기, 공기청정기기, 제어기기, 그리고 구동기기 등으로 구성된다. 이 장에서는 공기압 시스템의 기본적인 구성과 특징, 성에너지의 요점 등을 기술한다.

2.1 공기압 시스템의 기본 구성

대기로부터 압축공기를 생성하여, 관의 말단에서 기계적인 일을 수행하는 액추에이터에 이르기까지 공기압 시스템은 다양한 역할을 담당하는 기기들의 조합으로 구성된다. 그림 2.1은 전형적인 공기압 시스템의 구성을 보여주며, 이를 기능별로 그룹화하면 그림 2.2와 같이 나타낼 수 있다.

2.1.1 동력원

전동기, 내연기관 혹은 보일러 등으로부터 전기, 연료 등을 기계적인 동력으로 변환한다.

2.1.2. 공기압 발생부

압축공기를 생성하고, 공기압 라인으로 안정 공급한다.

- 공기압축기 : 대기의 공기를 압축하여 압축공기를 성성한다.
- 후냉각기 : 압축기로부터 토출되는 고온공기를 냉각하고, 수분을 분리한다.
- 공기탱크 : 압축공기를 축적하고, 압축기로부터 발생하는 맥동을 제거, 하류의 공기압 라인에서 발생하는 공기소비량의 변동에 대응한다.

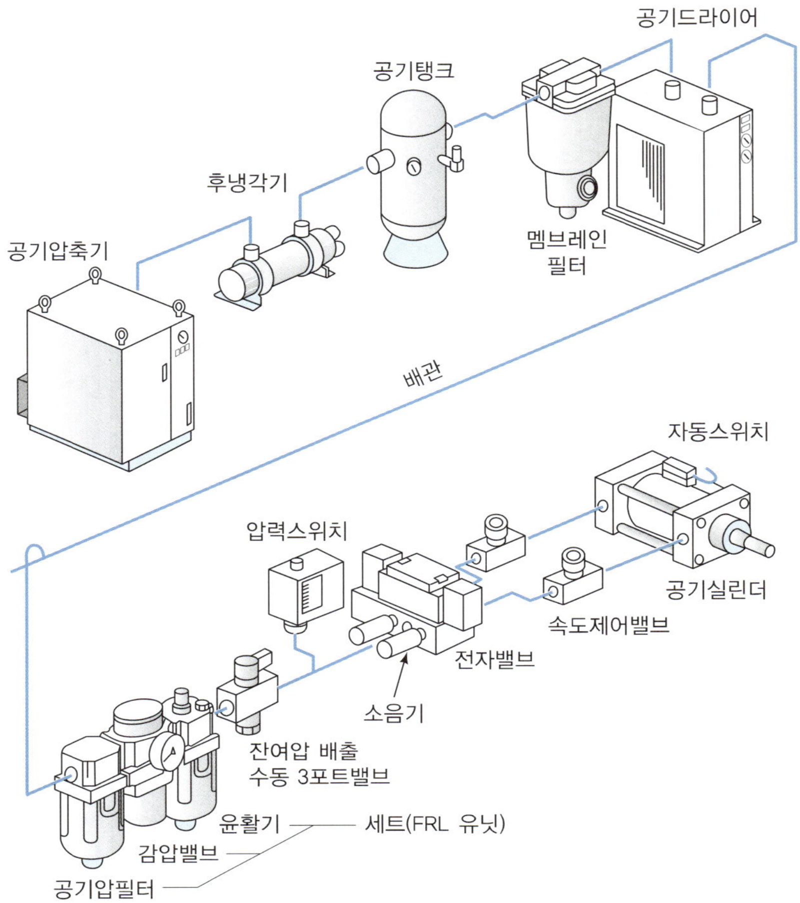

그림 2.1 전형적인 공기압 시스템의 구성

동력원 → 공기압발생부 → 청정화부 → 제어부 → 작동부

그림 2.2 공기압 시스템의 일반적인 흐름

2.1.3 공기청정화부

하류의 사용기기 및 사용목적에 따라 압축공기의 질(Quality)을 조절한다.

- 드레인 분리기·배출기 : 후냉각기 출구나 공기탱크의 하류에 설치하여 분리된 수분이나 유분을 배출한다.

- **필터** : 압축공기에 포함된 배관의 녹, 고형입자, 물, 오일 등의 성분을 제거한다. 일반적으로 상류로부터 하류로 갈수록 여과정도를 높인다.
- **미스트 분리기** : 압축공기에 포함되는 미세한 오일입자를 포착하며, 특히 고청정도를 요구하는 도장이나 검사장비 등의 용도에 사용된다.
- **건조기(Dryer)** : 압축공기에 포함된 수증기 성분을 제거하고, 건조도를 높인다.

2.1.4 제어부

압축공기의 압력, 유량 또는 유동방향을 조정 및 제어하고, 액츄에이터(Actuator)를 구동한다.

- **감압밸브** : 사용목적에 따라 낮은 압력으로 설정하고, 하류의 유량변화에 대하여 안정된 압력의 압축공기를 공급한다. 불필요한 고압공기의 소비를 방지하기 위한 성에너지를 위한 기본기기이다.
- **윤활기** : 하류의 밸브나 액츄에이터의 섭동부를 윤활하기 위하여, 윤활유를 압축공기에 흘려보내기 위한 보조기기이다. 무급유 시스템에서는 사용하지 않는다.
- **방향제어밸브** : 압축공기의 유동방향을 바꾸어, 액츄에이터를 구동하는 밸브로, 대부분은 전기로 작동하는 솔레노이드를 구비한 전자밸브가 사용된다.
- **속도제어밸브** : 방향제어밸브와 액츄에이터 배관 도중에 설치하여, 교축밸브기구로 압축공기의 유량을 조정하며, 액츄에이터의 작동속도를 제어한다. 주로 교축밸브와 첵밸브의 병렬구성으로 이루어진다.

2.1.5 작동부(Actuator)

압축공기의 에너지를 변위나 속도의 기계적인 에너지로 변환하여 일을 수행하며, 용도에 따라 매우 다양한 종류 및 크기가 있다.

- **공기압 실린더** : 직선왕복운동을 한다.
- **로터리 액츄에이터** : 요동운동을 한다.

2.2 공기압의 특징

대부분의 기본적인 공기압 시스템은 그림 2.3에 도시한 바와 같이, 압축공기를 매체로 하여 전기에너지를 기계적 에너지로 변환하는 동력전달 장치라고도 할 수 있다. 공기압은 아래에서 기술하는 바와 같이, 기계나 전기 그리고 유압 등에 비하여 상대적인 장단점을 가지고 있다.

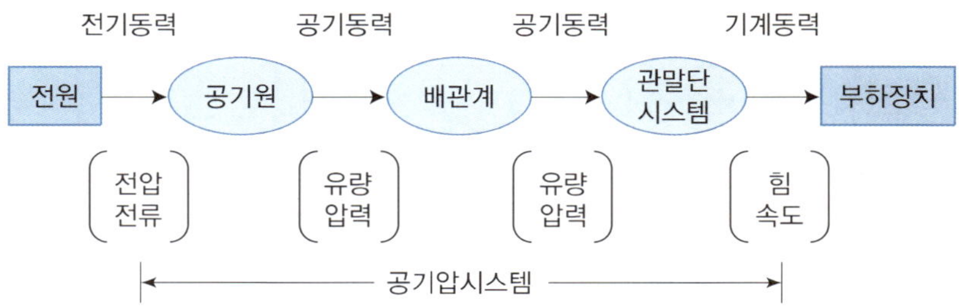

그림 2.3 동력전달 시스템

2.2.1 공기압의 장점

- 실린더의 속도제어를 무단계로 수행할 수 있다. 속도제어밸브로 배기 또는 급기를 조절하면 로드의 속도를 자유로이 변화시킬 수 있다.
- 출력조정이 용이하다. 감압밸브로 공기압을 조정하여 실린더의 출력을 변화시킬 수 있다.
- 고속작동이 가능하다. 공기는 점성이 작아, 배관내에서 발생하는 압력강하가 크지 않고, 유속이 빠르기 때문에 로드의 고속작동이 가능하다.
- 폭발이나 인화의 위험성이 없다. 공기는 폭발이나 인화의 위험성이 없으며, 습도의 영향도 거의 없다. 공기압력 그 차제는 온도에 대한 영향이 크지 않지만, 공기압 기기를 구성하는 기기의 재질에 영향을 미치게 되므로, 일반적으로 사용온도 범위가 정해져 있다.
- 충격력을 흡수할 수 있으므로, 과부하의 경우에도 안전하다. 공기는 압축성 유체이므로, 충격적인 부하가 가해져도 실린더내 공기가 압축되어 충격력을 흡수할 수 있다.
- 에너지 축적이 가능하다. 공기압 에너지의 축적은 탱크를 설치하는 것만으로 가

능하며, 소형 압축기라도 시간이 경과하면, 다량의 압축공기를 얻을 수 있으므로, 단시간에 큰 일(Work)을 수행할 수 있다.

- 에너지인 공기는 지구상에 무한대로 존재한다.

2.2.1 공기압의 단점

- 정밀한 속도조절이 곤란. 공기는 압축과 팽창의 성질이 있어, 로드의 속도에 변동이 있을 수 있으며, 정밀한 속도제어가 어렵다.
- 배기소음이 큼. 압축공기를 배기하는 경우에 소음이 발생하므로 소음기가 필요하다.
- 윤활유가 필요. 공기 그 자체로는 윤활성이 없으므로, 윤활유의 병용이 요구된다.
- 드레인이 발생. 공기를 압축하면, 수분(드레인)이 발생하므로, 수분을 제거하지 않으면 기기의 오작동이나 부식을 초래하게 된다.
- 전기나 기계 등에 비교하여 효율이 낮음.
- 위치결정의 정확도가 낮음. 액츄에이터(공기압 실린더, 모터)의 스트로크 도중에 정지하는 경우, 정밀한 위치 결정이 곤란하다.

2.3 성(省)에너지에 대한 고려

공기압 시스템에서 성에너지 효과를 높이기 위한 몇몇 아이디어들을 기술한다.

2.3.1 고찰방법

먼저 개선 순서를 적절히 수립하여 성에너지 효과를 높이기 위해서는 작은 에너지로부터 성에너지화의 방식을 채택하는 것이 바람직하다. 그림 2.4에는 어떤 공장에서 1일 에너지 사용량의 시간 경과 예를 도시한다. 그림의 A부분은 제품을 직접 가공, 조립할 때에 소비되는 에너지로, 대개의 경우 생산대수에 비례한다. 한편, 생산설비의 생산조건 유지를 위한 B, 생산종료, 정지를 위한 C, 공장의 환경유지나 보안용 전력 등을 위한 D는 어느 것도 제품의 생산량에는 직접 관여하지 않는 정상적으로 소비되는 에너지이다.

위의 그림을 재작성하면, 그림 2.5와 같이 될 수 있다. 소에너지(Energy Minimization)이라는 것은 필요한 때에 필요한 양만큼의 에너지를 사용하는 생산시스템에 관한 것으로, 생산량에 관계하지 않는 정상에너지를 줄이고, 생산량에 대응하는 변동에너지로 전환하는 것, 즉, 이상적으로는 에너지 소비량을 생산량에 비례하도록 계획할 수 있다. 다음으로 생산의 각 공정에서 에너지 이용효율을 향상시키는 것을 성(省)에너지(Energy Conservation)라고 한다. 이와 같이 에너지의 사용을 소에너지와 성에너지로 분류하여 검토하는 것이 바람직하다.

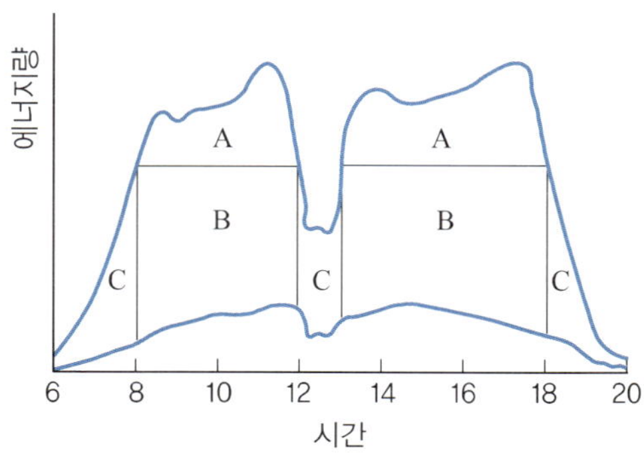

A : 제품수에 비례하는 가변에너지
B : 설비의 작동상태를 유지하는데 필요한 일정에너지
C : 생상개시 및 정지에 필요한 일정에너지
D : 공장환경과 안전성을 유지하기 위한 전기 등의 에너지

그림 2.4 에너지 사용량의 시간경과

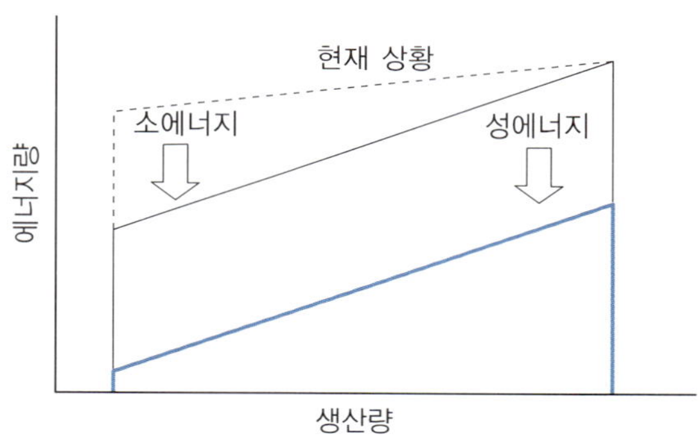

그림 2.5 소에너지로부터 성에너지화

2.3.2 평가방법

성에너지 대책의 평가에 대해서는 전체에너지 최소화의 방법이 바람직하다. LCA (Life Cycle Assessment)에 의한 제조, 운용, 수리, 폐기 등의 전 과정에서 발생하는 에너지 사용량을 최소화하는 방법이다. 그림 2.6에 도시한 바와 같이, 종래의 방법을 적용하면, 제조, 수리, 폐기의 에너지는 초기비용에 관련되며, 운용의 에너지는 운용비용과 관련된다. 따라서 이 둘을 합산한 전체 비용이 최소로 되는 대책을 수립하는 것이 바람직하다.

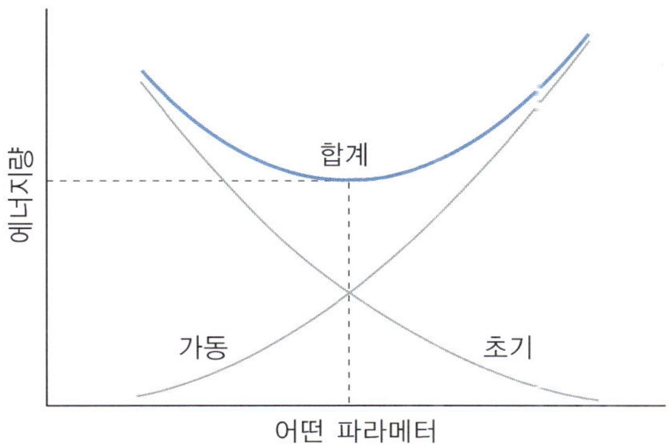

그림 2.6 전체 에너지 최소화

CHAPTER

3 공기압축기의 종류 · 용도와 소비전력

공기기계로 불리는 기계는 전동기나 내연기관, 증기터어빈 등의 원동기로 피스톤이나 스크류, 로터, 치차 등 여러 형태의 액추에이터를 구동하여 역학적인 에너지가 공기로 전달되도록 하는 구조를 가진다. 즉, 구동축에 가해지는 축 동력을 공기의 에너지로 변환하는 기계라고 할 수 있다.

일반적으로 공기기계는 압력상승의 정도에 따라, 휀, 블로어 그리고 압축기로 분류되며, 다음과 같이 정의되고 있다.

- 휀(Fan) : 토출압력이 10kPa 미만, 또는 압력비가 1.1 미만
- 송풍기(Blower) : 토출압력이 10kPa 이상에서 0.1MPa 미만, 또는 압력비가 1.1 이상에서 2.0미만
- 압축기(Compressor) : 토출압력이 0.1MPa 이상, 드는 압력비가 2.0 이상

대개의 경우 공기압축기의 전력소비가 차지하는 비율은 공장, 사업소의 소비전력의 20% 내지 40% 정도로, 상당히 큰 부분을 차지하고 있으며, 가스, 증기, 물 등 다른 유틸리티에 비하여 지금까지는 많은 주목을 받지 못하였다. 그러나 최근 공기압축기의 소비전력의 저감에 의한 성에너지 효과에 대한 관심이 증대하기 시작하여, 성전력화 활동이 활발하게 진행되고 있다.

산업계에서는 다양한 용도로 공기압축기가 사용되고 있다. 이러한 용도에 대해서는 이장의 끝부분에서 상세하게 소개하며, 여기서는 먼저 공기압축기에는 어떤 종류가 있으며, 이들의 구조가 어떻게 되어 있는지를 설명한다. 그 다음으로 공기압축기 시장과 소비전력의 개략에 대해서 기술한다.

3.1 공기압축기의 종류

특수한 용도를 제외하고는 양산되는 범용공기압축기의 종류는 그림 3.1과 같이 분류할 수 있다.

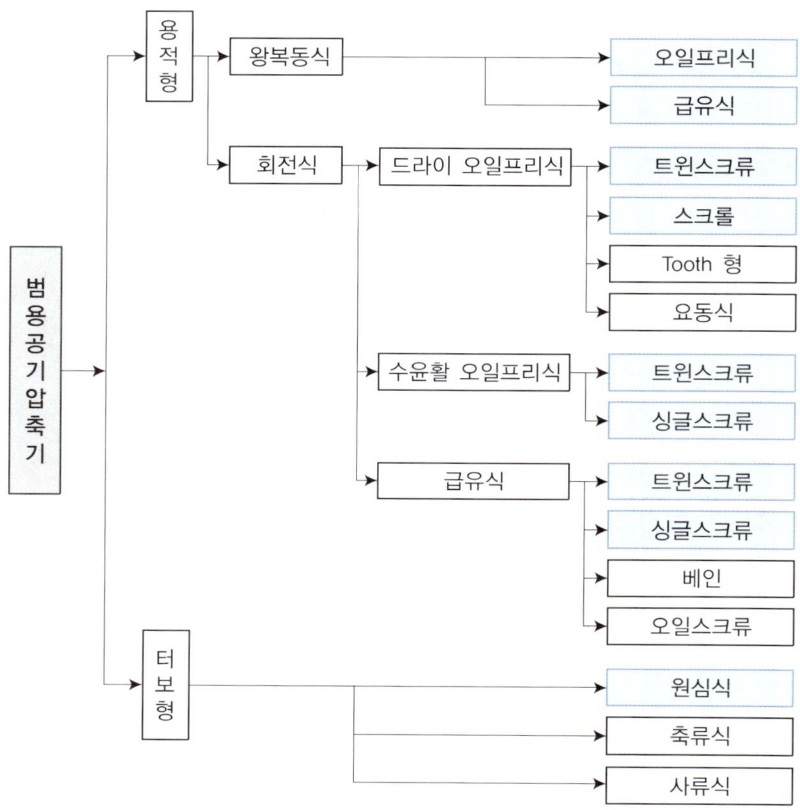

그림 3.1 범용 공기압축기의 종류

공기를 압축하는 원리에 따라 용적형과 터보형으로 대별할 수 있으며, 여기에서 용적형 공기압축기에는 다양한 종류가 있다. 그림 중에는 이중선으로 표시한 것이 있는데, 이들은 현재 산업계에서 주로 사용되고 있는 형식을 나타낸다.

3.1.1 용적형 공기압축기의 종류

용적형 공기압축기는 그의 압축기구에 따라 왕복동식과 회전식으로 분류된다. 왕복동식 공기압축기는 피스톤과 실린더의 섭동부로 구성되며, 윤활유 급유의 유무에

따라 오일프리(Oil Free)식과 급유식으로 다시 나뉘어진다

회전식에 대해서는 지금까지 많은 다른 형태의 압축기구가 제안되어, 여러 종류의 공기압축기가 출시되어 있다. 이러한 회전식 공기압축기를 그의 압축행정의 특징에 따라 분류하면, 드라이(Dry) 오일프리식, 수윤활 오일프리식 그리고 급유식의 세 형식으로 분류할 수 있다.

(1) 드라이 오일프리식

압축행정에서 압축실에 물, 오일, 냉매 등의 냉각제를 분사하지 않고 압축을 수행한다. 압축실 내부에서 냉각이 이루어지기 때문에 압축 후, 토출 공기의 온도가 고온으로 되는 특징이 있으며, 토출 공기 중에는 유분은 포함되지 않는다. 이러한 형식은 트윈 스크류(Screw)형, 스크롤(Scroll)형, Tooth형의 세 종류가 있다.

(2) 수윤활 오일프리식

압축행정에서 압축실에 물을 분사하여, 토출 공기의 온도를 낮추어 등온압축에 가깝도록 냉각하며, 회전 로터간, 케이싱과 로터의 사이 등 압축실의 틈새를 물로 밀봉하여, 누설공기량을 저감하는 특징이 있다. 토출 공기 중에 수분은 포함되어 있지만, 유분은 없다. 트윈 스크류형과 싱글 스크류형 2종류가 있다.

(3) 급유식

압축행정에서 압축실에 냉각유를 분사하여, 토출 공기의 온도를 제어하며, 회전하는 로터간, 케이싱과 로터 사이 등의 압축실 틈새를 오일로 밀봉하여 누설 공기량을 저감한다. 이러한 형식으로는 트윈 스크류형, 싱글 스크투형, 베인형 그리고 스크롤형이 있다.

3.1.2 터보형 공기압축기의 종류

공기가 회전 운동을 하는 익(Blade)간을 연속적으로 유동하는 동안, 에너지를 얻게 된다. 따라서 공기가 유동하는 방향에 따라 원심식, 축류식 그리고 사류식으로 분류할 수 있으며, 터보형의 대부분은 원심식이다.

3.2 공기압축기의 구조

3.2.1 왕복동식 공기압축기

왕복동식 공기압축기 [일본에서는 메이지(明治)후기에 광산의 채굴기계용 동력원으로 사용되기 시작하였다]에서 압축은 실린더 내에서 피스톤의 왕복으로 용적의 증감에 의하여 이루어지게 된다. 그림 3.2는 왕복동식 압축기의 구조를 나타낸다.

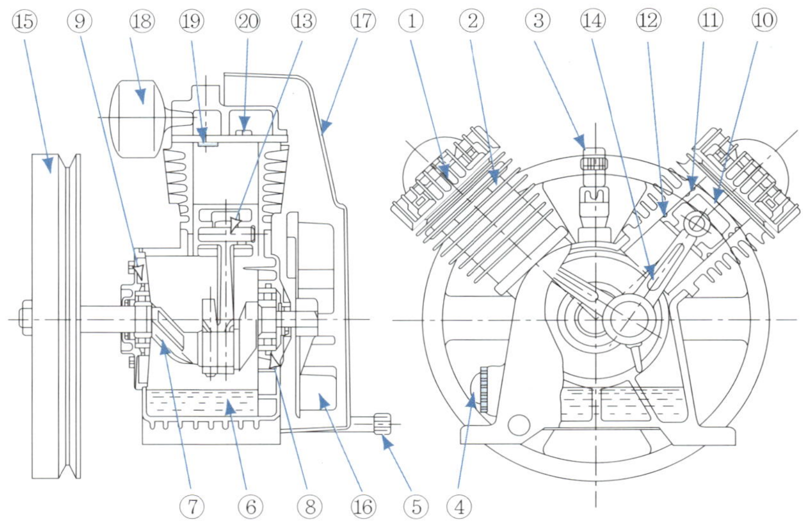

① 실린더커버 ② 실린더 ③ 주유구 ④ 유면계 ⑤ 오일 배출 플러그 ⑥ 크랭크실
⑦ 크랭크축 ⑧ 크랭크축수 ⑨ 축수상자 ⑩ 피스톤(1단) ⑪ 피스톤링(압축링)
⑫ 피스톤링(오일링) ⑬ 피스톤핀 ⑭ 연결봉 ⑮ 밸트륜 ⑯ 홴 ⑰ 홴커버
⑱ 흡입필터 ⑲ 흡입밸브 ⑳ 토출밸브

그림 3.2 왕복동식 공기압축기의 구조

그림 3.3은 실린더의 왕복동 운동에 따른 공기의 압축행정을 나타낸다. 그림에서 피스톤이 오른쪽 방향으로 움직여, 실린더 내부압력이 대기압력 이하로 되면 대기의 공기를 흡입하게 되며, 이때 밸브를 거쳐 흡입관으로부터 유입한다(흡입행정). 흡입행정이 완료되면, 피스톤은 왼쪽방향으로 움직이기 시작하여 공기를 압축하게 된다(압축행정). 이 경우 실린더 내부압력이 토출관 이상의 압력에 도달하면, 토출밸브가 열려 토출하게 된다(토출행정). 이 경우 흡입밸브와 토출밸브는 필요한 때 이외에는 닫혀 있도록 첵(Check)밸브 구조로 되어 있다.

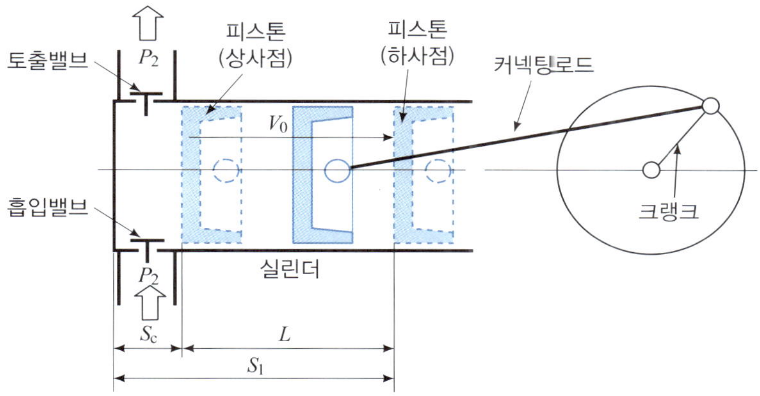

그림 3.3 왕복동 압축기의 토출공기량

용적형 공기압축기는 형식에 관계없이 거의 모든 압축기에 대하여 행정체적 V_o가 정의되며, 왕복동식의 경우는 다음의 식으로 표현할 수 있다.

$$\begin{aligned} V_o &= A \cdot (S_1 - S_c) \\ &= A \cdot L \end{aligned} \tag{3.1}$$

피스톤이 토출을 종료하고 상사점으로부터 오른쪽 방향으로 움직이기 시작해도 틈새용적(Clearance Volume) $V_c = (A \times S_c)$에 남아 있던 압축공기가 팽창하여, 대기 압력 이하로 되지 않으면, 흡입은 이루어지지 않는다. 따라서 실제로 흡입되는 공기의 체적은 작아지며, 행정체적과의 비율을 흡입효율 η_v로 정의한다.

$$\eta_v = \frac{V_s}{V_0} = 1 - \frac{V_s}{V_0}\left\{\left(\frac{P_2}{P_1}\right)^{\frac{1}{k}} - 1\right\} \tag{3.2}$$

따라서 토출압력과 흡입압력의 비(압축비)가 클수록 흡입효율 η_v는 낮아진다. 실제의 흡입효율은 흡입시 발생하는 압력손실이나 잔류 고온공기에 의하여 흡입공기가 가열되는 영향 등으로 인하여 약 2%~3% 정도 감소한다.

흡입밸브로부터 흡입한 공기는 실린더내 피스톤의 왕복에 의하여 압축되며, 실린더내 압력이 압축공기의 라인압력에 도달하면 토출 밸브로부터 토출된다. 이러한 형태는 주로 소형기의 범위에서 주로 사용되며, 오일프리식과 급유식이 있다.

3.2.2 회전식 공기압축기

(1) 트윈 스크류형

트윈 스쿠류 압축기는 1878년 독일에서 처음 고안되었으나, 1934에 스웨덴의 Ljiung-Stroms Anturbin사의 기술사였던 Lysholm에 의하여 가스터어빈의 공기압축기용으로서 원심압축기의 결점인 서징(Surging)현상을 없애기 위한 목적으로 개발이 본격적으로 진행되었다. 그러나 당시 스크류 로터의 가공기술이 뒷받침되지 못하여 실용화에 이르지는 못하였다.

그 후, Ljiung-Stroms Anturbin사의 전통을 이어받은 Svenska Rotor Maskiner (SRM)사가 절삭기술을 개량하여 실용적인 제작을 시작하였으며, 얼마 후, 영국의 Holroyd사가 스크류 로터의 가공기술의 일부를 실용화한 후, 세계 각지에서 시판되기 시작하였다. 일본에서도 기술도입을 추진하여, 1956년 처음으로 오일프리 트윈 스크류 압축기가 제작되었다.

1960년에는 액체에 강한 트윈 스크류 압축기 본래의 특징에 착목하여, 스코틀랜드의 Howden사의 Peter Oneal 기술사가 압축실내로 다량의 오일을 주입하여, 이 오일로 스크류 로터를 직접 윤활하면서 틈새도 밀봉하는 급유식 트윈 스크류 제작기술을 발명하였다. 이러한 기술로부터 시작하여, 구조를 단순화 하고, 소형화한 현대식 공기압축기의 실현이 가능하게 되었으며, 범용 트윈 스크류식 공기압축기는 1963년에 양산되기 시작하여, 그 후, 스크류화가 급속하게 발전하기 시작하였다.

그림 3.4에는 트윈 스크류 압축기의 구조를, 그리고 그림 3.5에는 트윈 스크류 본체 단면을 도시한다. 한 대의 숫로터와 암로터를 맞물리도록 하여, 서로 반대방향으로 회전시키면, 공간용적을 감소시켜 공기를 압축하게 된다. 이 경우, 암로터와 숫로터 모두 반경방향과 축방향으로 힘을 받게 된다.

로터 케이싱 내에서 암로터와 숫로터 사이에서 형성되는 V자형 공간의 체적변화에 대하여 그림 3.6에서 상세하게 설명한다. 숫로터가 왼쪽으로 회전 그리고 암로터가 오른쪽으로 회전하면, 회전에 따라 그림의 윗면의 홈 공간이 토출면으로 향해 갈수록 감소하게 된다. 한편, 반대 측 아랫면의 V자형 홈은 회전에 따라 팽창하게 되므로, 이렇게 하여 얻어지는 체적변화율을 그림 3.7에 상세하게 도시한다. 그림에서는 팽창행정과 압축행정 일부가 중첩되어 있다.

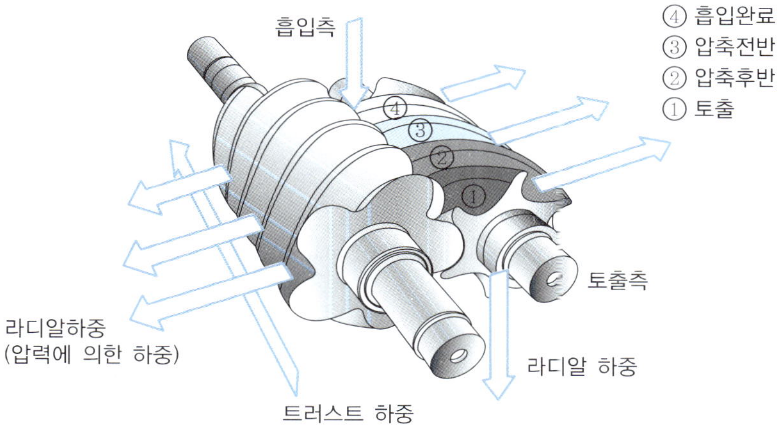

그림 3.4 트윈 스크류 압축기

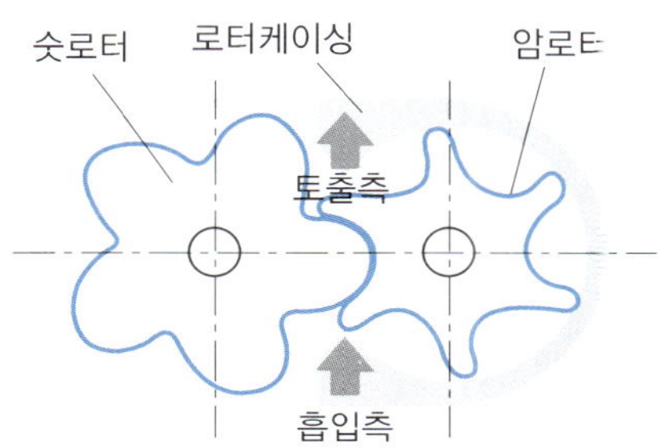

그림 3.5 트윈 스크류 본체의 단면

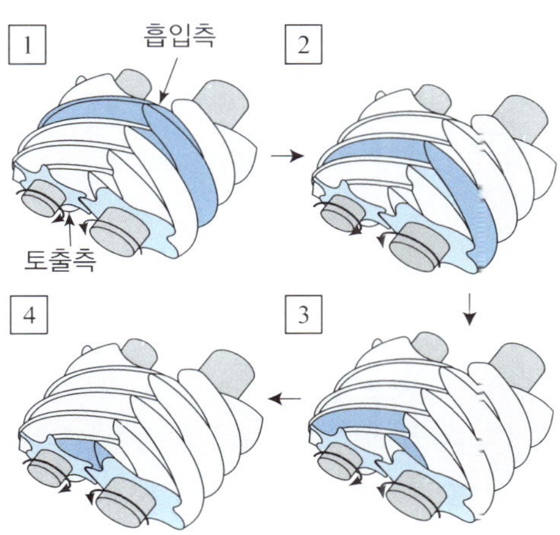

그림 3.6 트윈 스크류의 압축기구

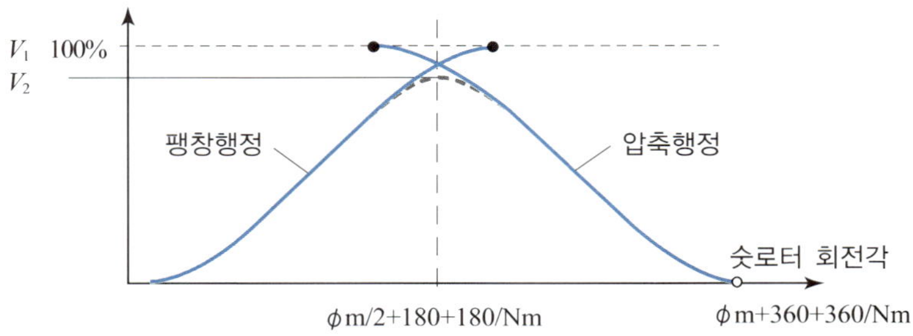

그림 3.7 트윈 스크류의 체적곡선

트윈 스크류의 행정체적 V_{th}는

$$V_{th} = C \cdot D_m{}^2 \cdot L \cdot C_{th} \tag{3.3}$$

여기에서 C : 체적계수로, $C = N_m \cdot S/D_m^2$ 그리고 $S = S_m + S_f$로 정의된다.

또, C_{th} : 중첩계수$(= V_2 / V_1)$

L : 스크류 로터의 길이

ϕ_m : 숫로터 산의 길이 또는 로터 전장(L)으로 진행하여 얻어지는 회전각이다.

그림 3.8에는 이들의 관계를 나타낸다. 통상적으로 압축일의 90% 정도는 숫로터가 수행하게 되며, 암로터는 10% 전후의 압축 일을 담당하게 된다.

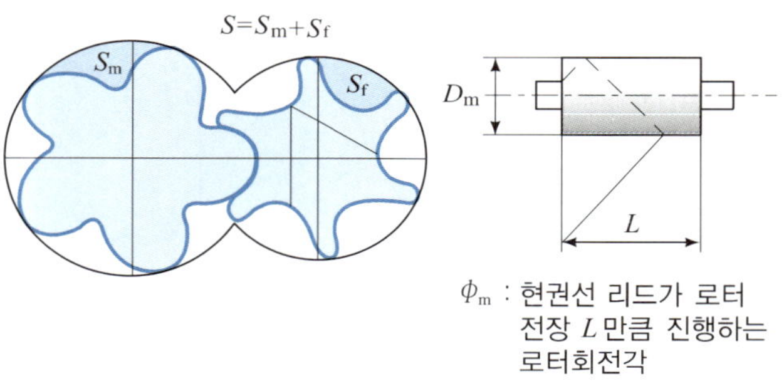

그림 3.8 트윈 스크류의 행정체적

① **드라이 오일 프리식 트윈 스크류** : 단단형과 2단형이 있으며, 이들은 압축행정에서 냉각제를 사용하지 않는 드라이형이며, 토출온도가 2단은 200℃ 정도, 단단형은 300℃ 정도 상승한다. 따라서 상온에서 가공된 로터의 복잡한 3차원 형상이 고온으로 가열되며, 더욱이 축 방향으로 큰 온도구배가 발생하게 되므로, 변형이 쉽게 발생하게 된다. 그러므로 오일 프리식 트윈 스크류의 실

용설계를 위해서는 고도의 로터 열응력 해석기술, 가공기술이 요구된다. 이뿐만 아니라, 로터 형상 설계 시에 축 방향으로의 온도구배를 고려할 필요가 있다.

숫로터와 암로터는 미소한 틈새를 이루면서 비접촉으로 회전하도록 설계되므로, 각 로터의 축단에는 암/숫로터의 위상을 동기화 시키는 타이밍기어가 삽입되어 있다. 이 경우, 암로터는 이 타이밍기어로 구동된다. 사진 3.1에는 트윈 스크류 본체의 내부구조를 보여준다.

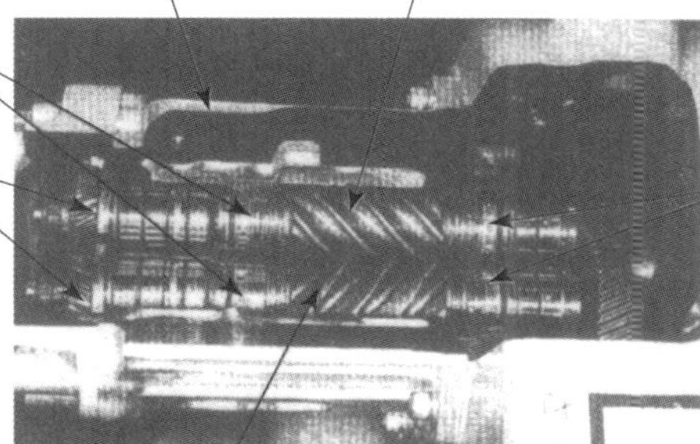

사진 3.1 드라이 오일 프리식 트윈 스크류 본체

암로터, 숫로터 그리고 로터 케이싱간의 틈새 공간을 감소시키는 목적과 이상 발생시의 금속간의 직접 접촉을 방지하는 목적으로, 로터 표면과 케이싱 내면에는 MoS_2나 PTFE, PFA 등의 피막 코팅을 실시한다. 로터 회전속도는 대략 10,000~ 30,000rpm이다.

② **수윤활 오일 프리식 트윈 스크류** : 압축행정 도중에 물을 분사하여 숫로터, 암로터 그리고 로터 케이싱간의 밀봉, 로터간의 윤활, 압축열의 냉각을 수행하는 트윈 스크류이다. 구조적으로는 로터 축부의 축봉구조를 제외하면, 급유식 트윈 스크류와 비슷하다. 급유식 스크류에서는 SAE1137 등의 쾌삭강이 사용되지만, 수윤활 사양에서는 자기윤활성과 방청의 목적으로 인해 수지로터가 채용된다. 스크류 로터의 축부는 스테인레스강으로, 치차부는 강도, 내마모성, 선팽창계수, 성형 정확도 등에 적합한 열경화성 수지에 무기 휠라를 함유시켜 성형되며, 축과 일체화 된다. 사진 3.2에는 수윤활 트윈 스크류용 수지로터를, 사진 3.3에는 로터 케이싱을 보여 준다.

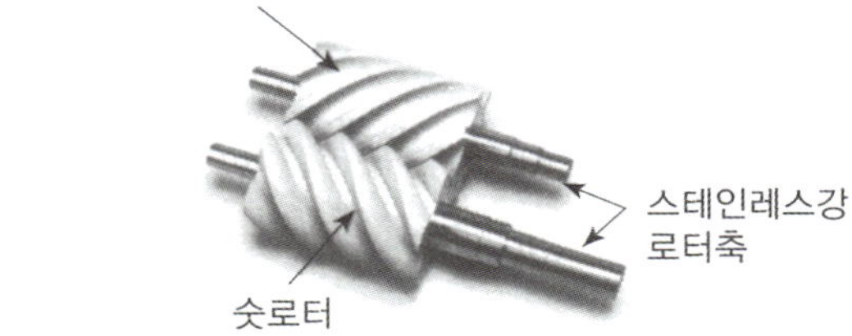

사진 3.2 수윤활 트윈 스크류용 수지로터

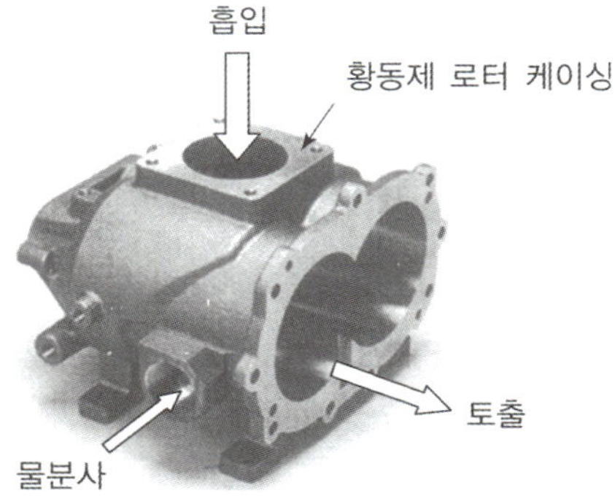

사진 3.3 수윤활 트윈 스크류의 로터 케이싱

축의 밀봉으로, 토출 고압측은 메카니컬 실링(Mechanical Sealing), 저압측은 PTFE Lip Seal 등이 채용된다. 로터 축을 지지하는 축수에는 그리스 윤활의 축수가 채용된다. 수윤활 오일 프리 스크류의 중요한 문제로서 압축기 내를 순환하는 물의 수질을 적절하게 유지할 필요가 있다. 이와 같은 수질을 유지하기 위해서는 압축, 토출행정이나 압축기에 부속하는 냉동식 드라이어에서 응축하는 순수 물에 가까운 성질을 가지고 있는 응축 드레인수를 순환수로 돌리게 되면 물 관리의 부담을 줄일 수 있다.

③ **급유식 트윈 스크류** : 드라이 오일 프리식 트윈 스크류와 구조적인 면에서 큰 차이점은 그림 3.9에 도시한 바와 같이, 타이밍기어가 없고, 암로터가 숫로터보다 피치라인 부에서 접촉구동 된다는 점이다. 전술한 바와 같은 암로터로 전달되는 일은 축 동력의 약 10% 전후에 불과하다.

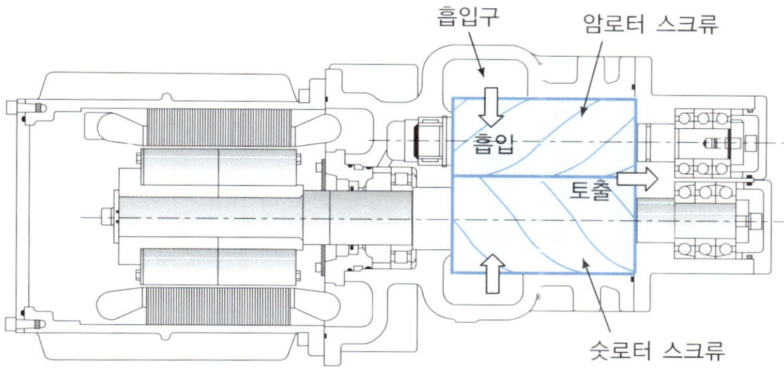

그림 3.9 전동기 직결형 급유식 트윈 스크류

급유식 트윈 스크류는 압축행정 도중에 오일이 분사된다. 분사된 오일은 이 접촉면의 윤활을 수행하며, 암로터, 숫로터 그리고 로터 케이싱간의 틈새를 밀봉하게 된다. 토출온도는 거의 등온압축(Isothermal Compression)에 가깝기 때문에 폴리트로픽 지수는 1.1 정도이지만, 실제로 내부에서 압력상승을 엄밀하게 측정하면, 폴리트로픽 지수가 1.4 정도로 된다. 따라서 압축과정은 단열압축에 가까우며, 압축일은 단열압축의 가정으로 얻을 수 있다.

그러나 실제의 내부온도 상승은 압축공기와 오일의 혼합류로 되어 있기 때문에, 압축공기의 온도만을 측정하는 것은 적절하지 않을 수 있지만, 그러나 압축행정의 최후, 토출 직전상태에서 단열온도가 상승하여 순간적으로 300℃에 가까운 고온으로 된다. 토출 후는 오일로 냉각되는 것으로 생각할 수 있다. 또 압축행정이 불과 수 ms에 완료해 버리기 때문에, 차가운 오일로 압축열을 빼앗을 수 있는 시간이 없을 것으로 생각된다.

(2) 싱글 스크류형

1960년 프랑스의 B.Zimmern에 의하여 고안되어, 1970년 상품화된 기종이다. 그림 3.10에 싱글 스크류 본체 구조를, 그리고 그림 3.11에는 싱글 스크류의 압축하중을 나타낸다.

중앙에 6개의 홈을 가지는 북(Drum)과 같은 형태의 스크류 로터가 있다. 이 스크류 로터의 좌우에는 직교하는 11개의 치차를 가지는 게이트 로터가 있으며, 치차가 스크류 로터의 홈에서 좌우로 서로 맞물리도록 되어, 스크류 로터와 실린더로 구성된 공간은 상하 2개실로 구분된다.

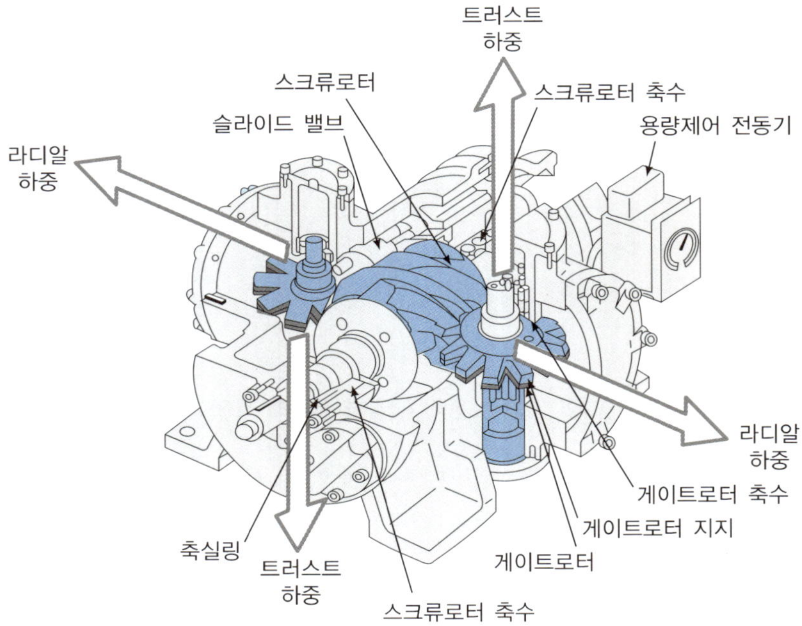

그림 3.10 싱글 스크류의 본체 구조

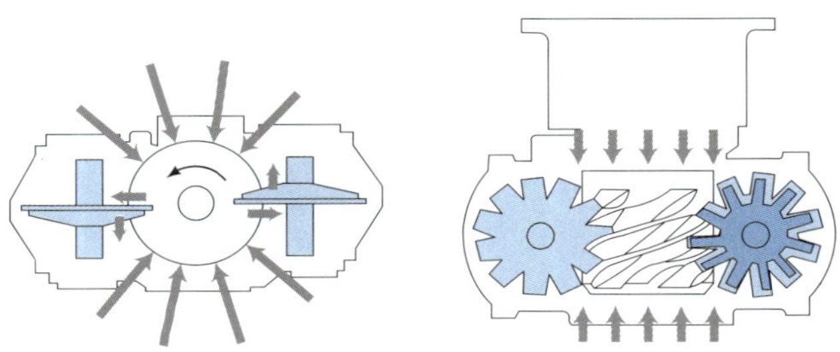

그림 3.11 싱글 스크류의 압축하중

각 압축실은 스크류 로터의 회전과 함께 홈의 체적이 감소하여 흡입공기는 압축되며, 실린더에 설치된 토출구로부터 토출된다. 1개의 홈에 대하여 스크류 로터가 180° 회전하는 동안에 흡입으로부터 토출까지의 행정은 상하의 압축 실에서 동시에 1회전당 12회가 이루어지며, 토오크 변동이나 맥동은 없다. 좌우로부터 게이트 로터의 치차까지로 이루어지는 압축 실이 상하 동시에 압축되기 때문에, 스크류 로터에 걸리는 힘은 반경반향 그리고 축방향 모두 밸런스를 취하게 된다. 좌우의 게이트 로터에는 치면 상하의 축방향의 힘과 압축실로부터 반경방향의 힘이 작용하게 된다.

- **흡입행정** : 중앙 스크류 로터가 회전하면 스크류 로터의 홈 공간으로 대기가 흡입하여, 실린더와 게이트 로터에 의하여 압축실이 형성된다(그림 3.12참조).
- **압축행정** : 스크류 로터도 회전에 따라 게이트 로터의 치차가 이동하여, 홈의 공간체적이 감소하여 갇혀진 공기가 압축되며, 압력이 상승하게 된다(그림 3.13참조).
- **토출행정** : 더욱 회전이 진행되어 내부의 압력이 소정의 설계 내부압력으로 상승할 때, 토출구로부터 압축공기가 토출된다(그림 3.14참조).

이상의 흡입, 압축 그리고 토출의 행정은 게이트 로터의 치차로 구분되는 상하 두 개의 압축실에서 동시에 역위상으로 수행된다.

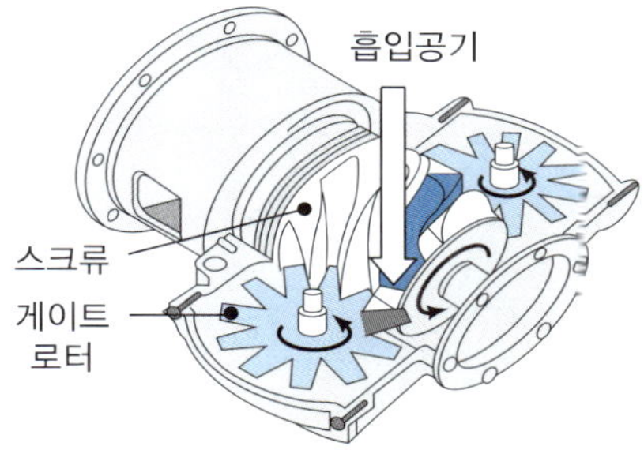

그림 3.12 흡입행정

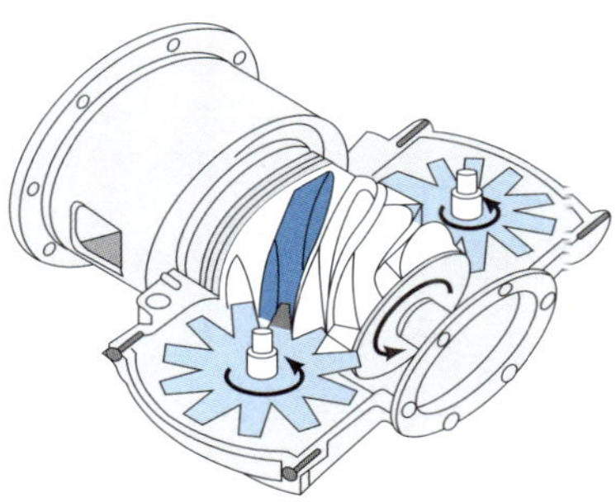

그림 3.13 압축행정

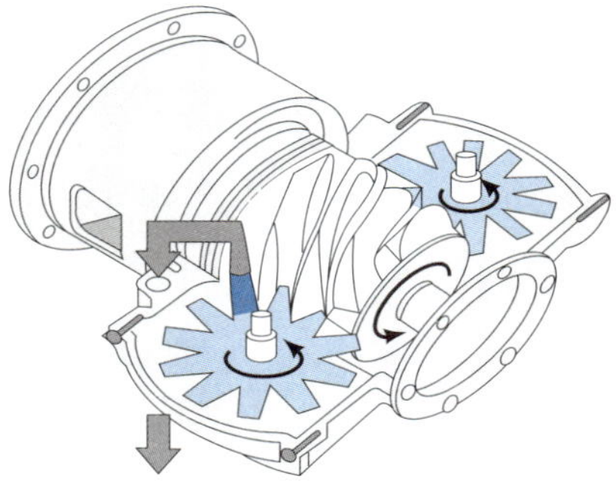

그림 3.14 토출행정

① **수윤활 오일 프리식 싱글 스크류** : 압축행정 도중에 물을 분사하여,

- 스크류 로터와 게이트 로터간의 윤활
- 압축실내 틈새의 밀봉
- 압축열을 물로 냉각하여 등온압축

에 가깝도록 하는 3가지 작용을 물이 수행한다.

구조적 특징은 수윤활의 압축기실과 베어링실을 메카니컬 실링으로 구분하며, 스크류 로터를 지지하는 축수는 그리스(Grease)주입 구름축수, 게이트 로터에는 수윤활에 의한 카본 플랜베어링 등을 사용한다. 물이 접해 있는 이종 금속간의 부식현상을 방지하기 때문에 스크류 로터, 로터 케이싱 등의 주요 부재로서 청동계 재료가 사용되는 것은 수윤활 오일 프리 트윈 스크류와 같다.

게이트 로터에는 카본섬유와 에폭시 수지의 적층판이 사용된다. 압축행정에서 발생하는 공기중 수증기의 응축수를 순환 사용하지만, 순환수가 부족할 때, 자동적으로 순환수를 보급하는 것은 수윤활 오일 프리식 트윈 스크류와 동일하다. 설치환경이 좋지 못한 장소에서는 흡입 대기 중 SOx, NOx 등의 가스성분이 농축되어 금속염이 석출되는 경우도 있으며, 이 경우, 물의 정화장치를 부속하여 설치하는 것이 바람직하다.

② **급유식 싱글 스크류** : 압축기구는 수윤활 오일 프리식과 유사하다. 물 대신 오일을 분사하여, 압축실의 틈새 밀봉, 압축시 발생하는 열의 냉각, 게이트 로터와 스크류 로터간의 윤활작용을 하게 한다. 게이트 로터의 재질은 내마모성 엔지니어링 플라스틱으로 되어 있다.

(3) 스크롤형

기본적인 압축원리는 20세기 초에 프랑스인에 의해 처음으로 고안되어, 수차례 개선이 진행되었다. 1970년대 전반기에 미국의 싱크탱크에 의해 소개되어, 1980년 전후부터 냉동기로서 실용화가 이루어지기 시작하였다. 그 후, 스크롤 압축기의 구동기구가 개량되어, 과급기, 진공펌프, 공기압축기 등에 적용되었다. 드라이 오일 프리식 스크롤 공기압축기는 일본에서 활발하게 연구되어, 1991년에 상품화되기 시작하였다. 이러한 스크롤 공기압축기는 드라이 오일 프리식과 급유식이 있으며, 공기압축기 분야에서는 주로 드라이 오일 프리식 공기압축기가 사용된다.

인볼류트(Involute)곡선 등에서 형성된 편심 선회 스크롤(와권구조)과 고정 스크롤을 축방향, 반경방향 모두 수십 μm의 틈새에서 서로 맞물리도록 구성되며, 맞물린 와권으로 형성된 압축실의 최외각의 원주방향으로 공기가 흡입되어 압축된다. 그림 3.15는 스크롤 공기압축기의 본체구조를, 그림 3.16에는 구체적인 압축 기구를 나타낸다.

스크롤은 통상적으로 NC앤드밀로 가공하며, 고정도가 요구된다.

- 흡입행정 : 고정 스크롤 외측의 흡입구로부터 공기를 흡입한다.
- 압축행정 : 압축공간에 갇히는 공기는 선회운동에 따른 압축실의 축소에 의하여 와(Vortex)의 중심쪽으로 압축된다.
- 토출행정 : 압축공간은 중심부에서 설계 내부압력에 도달하기까지 압축되어, 중심부로부터 토출된다.

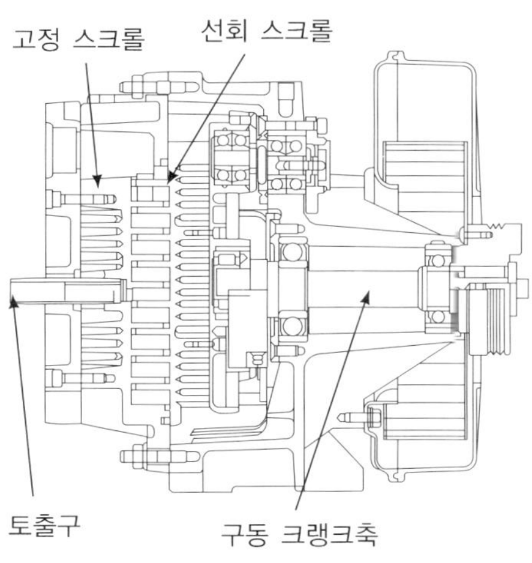

그림 3.15 스크롤 공기압축기의 본체

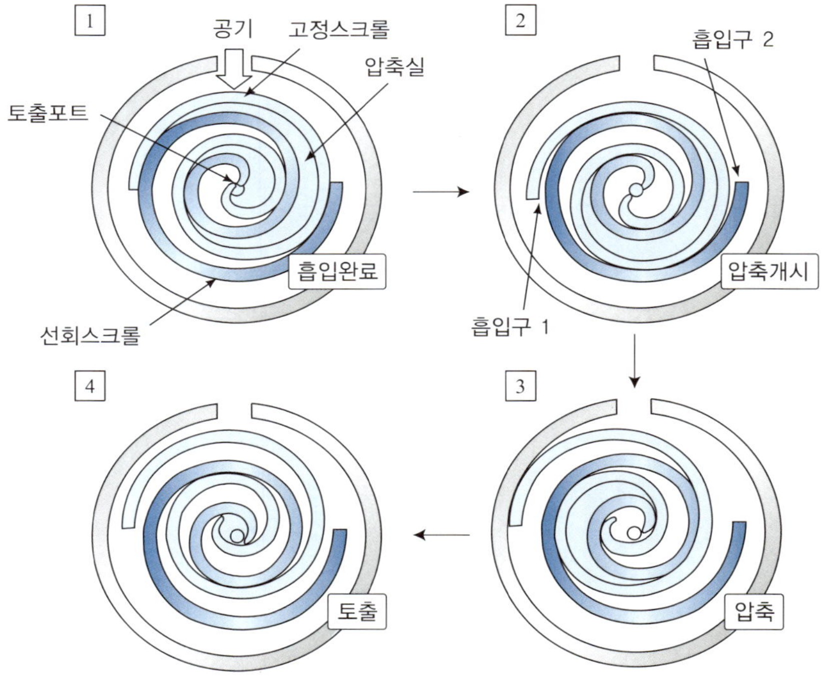

그림 3.16 스크롤 공기압축기의 압축기구

선회 스크롤을 구동하는 구동축은 스크롤 중심과 입력축 중심이 편심되어 크랭크로 되며, 편심중량과 회전 스크롤은 선회한다. 다른 압축실이 연속적으로 여러 개 형성되기 때문에, 각 실간의 압력차가 작고, 또 선회반경이 작기 때문에 토오크 변동도 크지 않다.

편심구조와 섭동속도의 제한으로부터 압축기 본체의 크기에는 제한이 있으며, 하나의 압축기 본체에서 400l /min~600l /min 정도가 토출 공기량의 한계이다. 이 이상의 용량으로 되면, 하나의 압축기 패키지 내에 스크롤 압축기 본체를 여러 대 설치하여야 한다. 따라서 대형기에는 적합하지 않으며, 오일 프리식과 급유식이 있지만, 주로 오일 프리식을 사용한다.

① **드라이 오일 프리식 스크롤 공기압축기** : 압축행정에서 압축실에 냉각제를 분사하지 않는 드라이 타입의 압축기이다. 밀봉하는 액체가 없기 때문에, 와권단면에 홈을 설치하여, 그 홈에 내열성 고체 윤활 팁실(Tip Seal)을 삽입하여 밀봉하는 구조로 되어 있다. 팁실은 와권이 형성되는 각 압축실 간의 압력차에 의하여 부상하며, 섭동면으로 되는 상대 와권단 판으로 밀어 붙이게 된다. 더욱이 밀봉면 상에는 가공된 비늘형의 절단 면들이 있어, 압력차로 일어나게

되어 홈 내측면과 바닥면으로부터의 누설을 감소시키는 구조로 되어 있다. 사진 3.4는 드라이 오일 프리식 스크롤 공기압축기의 본체를, 사진 3.5는 그의 스크롤 부를 보여 준다.

사진 3.4 드라이 오일 프리식 스크롤 공기압축기 본체

고정부 가동부

사진 3.5 드라이 오일 프리식 스크롤 공기압축기의 스크롤부

반경방향의 틈새를 밀봉하는 수단이 없기 때문에 성능이 급유식에 비하여 좋지 않으며, 오일 프리식이기 때문에, 축수는 그리스 봉입식이 채용된다. 한편 압축기유닛 내에는 윤활유나 물과 같은 액체가 없으며, 완전 드라이방식이므로, 부품수가 적고, 매우 단순한 구조로 되어 있다. 기술적으로는 토출온도 상승을 억제하는 것이 중요하며, 토출구 및 토출 공기 유로 주변에는 냉각 휀이 설치되며, 케이싱 외면으로부터 시롯코 휀 등으로 강제 냉각한다.

② **급유식 스크롤 공기압축기** : 급유식에서는 와권의 축 방향과 반경방향의 두 틈새를 냉각 오일로 밀봉하기 때문에 성능면에서는 유리하지만, 공기압축기 용도로서는 냉각오일용 오일냉각기, 분사한 유분을 제거하기 위한 오일 분리기(Separator) 탱크, 분리기 엘리먼트 등 부수적인 기계류가 많이 필요하게 되

므로, 타의 형식, 예를 들면, 급유식 스크류 공기압축기 등에 비하여 장점이 그다지 많지 않으며, 공기압축기 용도로의 사용 예는 많지 않다. 그러나 공조용 냉동기 본체로 사용하는 경우에는 이들 기기가 불필요하게 되므로, 저소음, 저진동의 특성을 살려 냉동기로 자주 채용된다.

(4) Tooth형

이 형식은 후크와 쿠로라고도 불리워지며, 스테인레스강으로 피막 코팅된 암로터와 숫로터 두 개의 열쇠형으로 된 이빨(Tooth)형 로터로 구성되어, 상호 비접촉 회전을 하게 된다. 로터 형상은 축에 대하여 대칭 형태로 되어 있으며, 흡입구와 토출구가 대칭위치에 있어, 축방향으로의 하중은 작용하지 않는다. 1회전당 2회 압축되며, 회전속도는 4500rpm ~ 6000rpm정도이다. 압축 단수는 2단이며, 드라이 오일 프리식에 주로 사용된다. 중형인 경우, 2단 드라이 오일 프리식 공기압축기용으로 사용된다. 사진 3.6은 드라이 오일 프리식 Tooth 공기압축기 본체를 보여 주며, 그림 3.17은 그의 구조를, 그리고 그림 3.18은 압축기구를 도시한다.

- 흡입행정 : 로터의 회전운동에 의하여 공기가 흡입구로 유입하며, 이 때, 회전축에 대하여 대칭축의 압축실에서는 압축이 이루어진다. 숫로터와 로터 케이싱, 그리고 암로터와 로터케이싱 사이의 체적에 갇히는 공기는 압축행정으로 이행한다.
- 압축행정 : 숫로터와 암로터가 상호 반대방향으로 회전하여, 공기를 압축한다. 이 경우 대칭 측에서는 공기의 흡입이 이루어진다.
- 토출행정 : 암로터로 폐쇄되어 있던 토출구가 열리어, 압축공기가 토출된다. 이 경우 대칭 측의 압축실에서는 압축이 개시된다.

사진 3.6 드라이 오일 프리식 Tooth형 공기압축기 본체

그림 3.17 Tooth형 공기압축기 본체구조

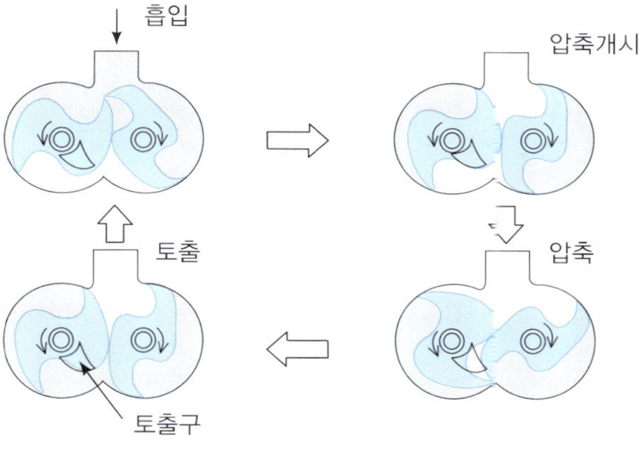

그림 3.18 드라이 오일 프리식 Tooth형 공기압축기의 압축기구

(5) 베인(Vane)형

로터 케이싱 내에 로터가 편심으로 설치되며, 이 로터는 6~8개의 홈을 가진다. 이 홈에 베인(Vane)이라고 불리는 특수강판재의 날개가 삽입되어, 로터의 회전에 따라 발생하는 원심력으로 로터 케이싱 내면에 접촉한다. 로터가 편심되어 있기 때문에, 로터, 케이싱, 베인으로 형성되는 압축실은 로터의 회전에 따라 감소하며, 흡입 공기는 압축 후 토출된다. 압축행정도중에 오일이 분사되어, 윤활, 틈새 밀봉, 압축열의 냉각이 이루어진다. 2.2~7.5kW 급의 소형기가 주로 사용되며, 그림 3.19는 급유식 로터리 베인 공기압축기의 구조를 나타내며, 사진 3.7은 로터와 베인을 보여준다.

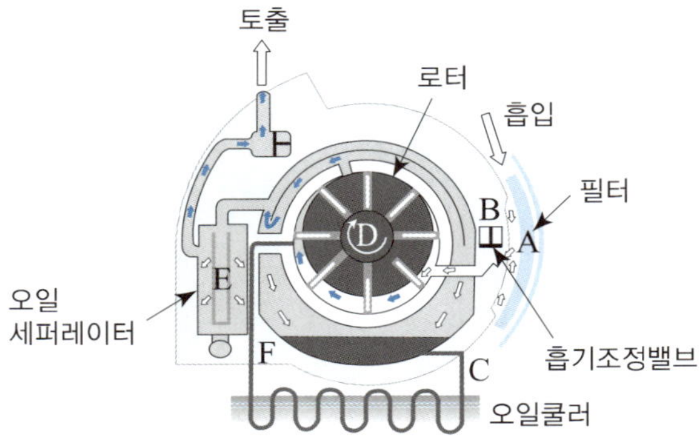

그림 3.19 급유식 로터리 베인 공기압축기의 압축기구

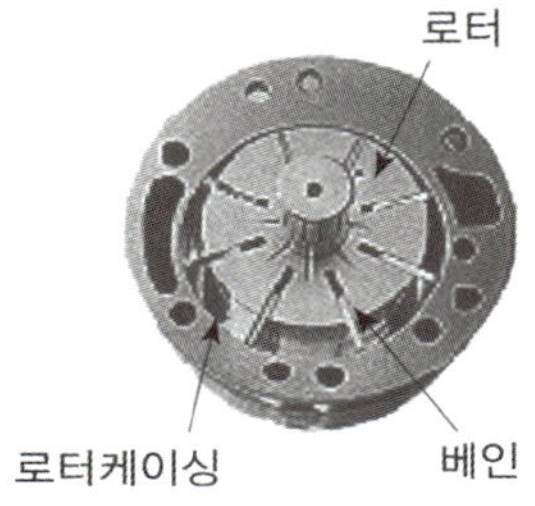

사진 3.7 로터리 베인 공기압축기의 로터와 베인

(6) 요동형

크랭크를 사이에 둔 로터가 요동하여 압축하는 원리로, 케이싱과 로터의 밀봉에는 카본 등의 밀봉재가 장착되며, 케이싱 내면에는 폴리아미드이미드 등으로 코팅처리가 되어 있으며, 상호 섭동운동을 하게 된다. 오일 프리식 공기압축기이며, 0.2MPa 정도의 저압오일 프리 공기압축기의 경우, 분체 수송용 등에 주로 사용된다. 그림 3.20은 요동식 드라이 오일 프리식 공기압축기의 구조를 보여준다.

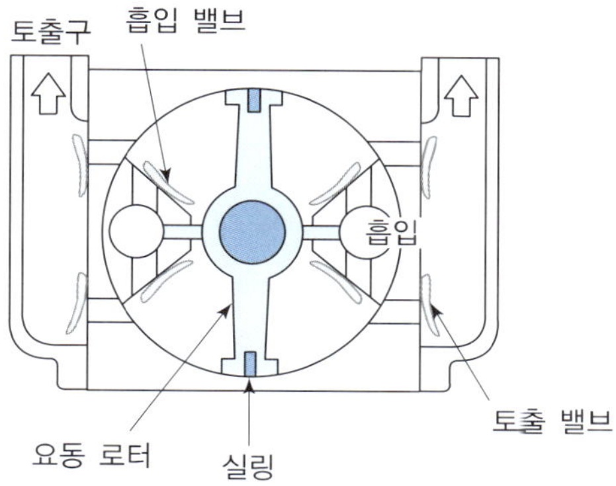

그림 3.20 요동식 드라이 오일프리 공기압축기의 구조

3.2.3 터보형 공기압축기

모터나 다른 동력원으로부터 구동력을 가하여 익을 회전시켜, 회전하는 익간을 공기가 통과하는 사이에 발생하는 익의 양력에 의하여, 일을 얻어 공기를 압축하는 것을 터보(Turbo) 공기압축기라 한다. 공기가 익을 통과하는 유동방향에 따라 원심식, 축류식, 사류식의 3형태로 분류할 수 있으며, 각 형태를 그림 3.21에 도시한다.

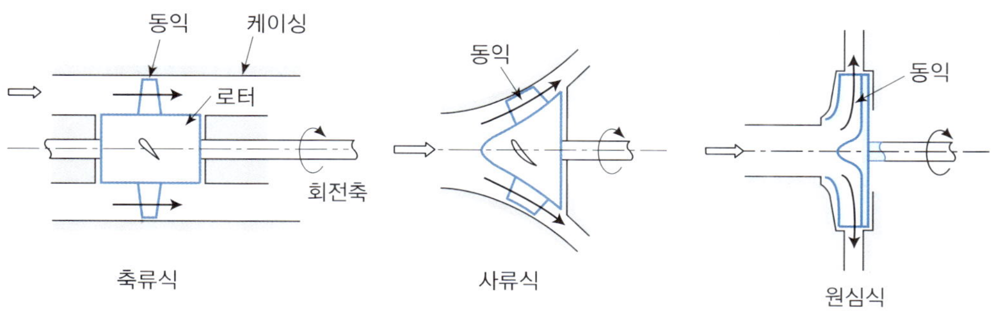

그림 3.21 터보형 공기압축기

1862년 영국의 T.Guibal에 의하여, 광산의 통기용으로 처음 송풍기를 개발한 것을 계기로, 본격적인 원심송풍기는 1899년 Rateau가 토출압력 56.9kPa, 유량 $2000m^3/h$의 압축기를 설계하여 제작하였다. 일본에서 최초의 터보 압축기는 토출압력이 506kPa, 유량이 $4020m^3/h$, 축동력 447.6kW의 탄소가스의 압축기로, 본격적으로 범용 터보압축기가 등장하기 시작한 것은 1970년대 무렵이다.

양산되기 시작하였던 범용압축기는 원심식으로, 75kW가 최소형이었으며, 그 후

원심압축기의 비율이 증가하게 된 것은 150kW 이상의 대형압축기였다. 범용 공기압축기 분야에서는 임펠러(Impeller)의 성능향상, 구동장치부의 기계적인 손실저감, 중간냉각기(Inter Cooler) 및 후냉각기(After Cooler)의 평판 핀 구조 채용 등으로, 압력손실의 저감을 위한 많이 노력이 이루어져 왔으며, 주로 2단 압축기의 성능이 대폭적으로 향상하여, 최근 3단 압축이 아니라 2단 압축기가 주류를 이루고 있다. 그러나 부하 변동시 부분부하 소비전력 성능이 스크류식 보다 좋지 않기 때문에, Base Load기로서 이용되는 경우가 많다. 사진 3.8은 터보공기압축기 본체를, 그림 3.22는 원심식 공기압축기의 임펠러를 나타낸다.

사진 3.8 터보형 공기압축기 본체

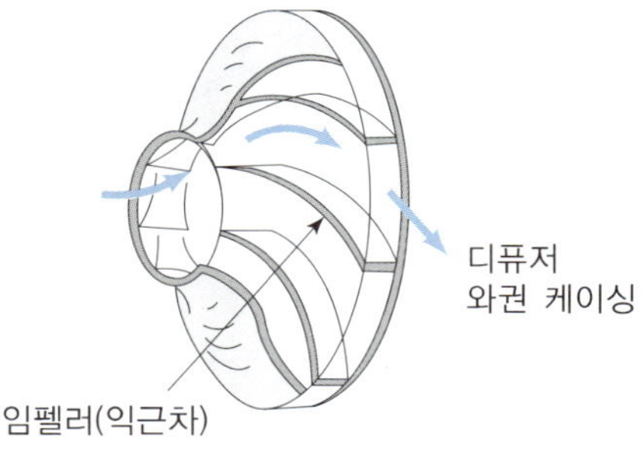

그림 3.22 원심식 공기압축기의 임펠러

원심식 공기압축기는 임펠러를 고속 회전시켜, 공기를 압축하고, 운동에너지를 디퓨저, 와권케이싱 내에서 정압력으로 변환하여 압축한다. 대형기의 범위에서는 오일 프리 압축기가 주로 사용된다.

3.3 범용 공기압축기 시장과 특징

일본에서 범용 공기압축기가 전체의 소비전력에 차지하는 비율과 공장이나 사업소의 소비전력에 차지하는 비율을 그림 3.23에, 공장에서 소비되는 에너지 용도별 내역을 그림 3.24에 도시한다. 그림으로부터 공장 동력에 이어 유틸리티용 기기에 소비되는 비율이 높다는 것을 알 수 있다.

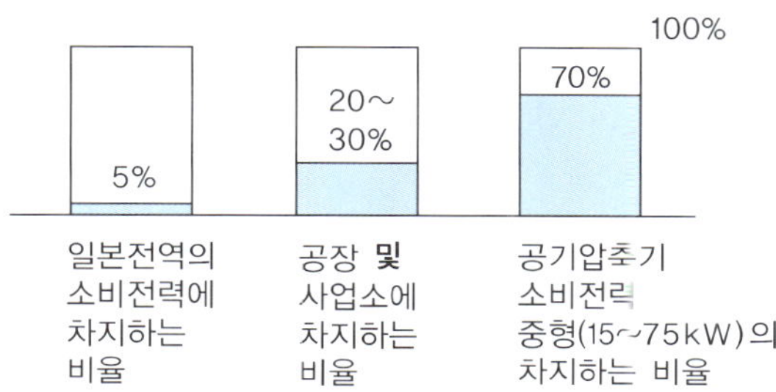

그림 3.23 공기압축기의 소비동력

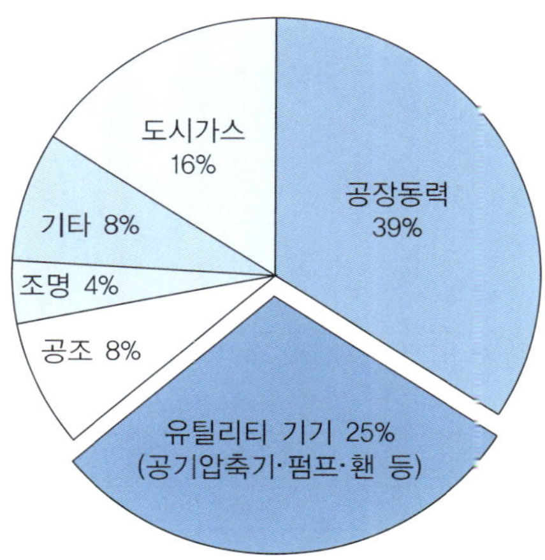

그림 3.24 에너지별 · 전력 용도별 사용상황

3.3.1 공기압축기 시장

그림 3.25에는 시장에서 사용되고 있는 공기압축기의 비율을 용량별로 도시한다. 통계적으로는 모터 출력 1.5~15kW 범위의 것을 소형, 15~90kW를 중형 그리고 90kW 이상을 대형이라 한다. 이하에서 소형, 중형 그리고 대형을 기술하는 경우에는 이 출력 범위를 기준으로 한다.

출하대수는 년도에 따라 변화하지만, 최근에는 소형이 50,000~54,000대 정도, 중형은 13,500~16,000대, 대형은 600~800대 정도로 추산된다. 수출비율은 소형이 5~6%, 중형은 15~16% 정도 그리고 대형은 비율이 높아 30% 정도로, 대형기 일수록 비율이 높다. 참고로 수출의 약 99% 정도는 중국을 비롯한 동남아시아 제 국가에 대하여 이루어지고 있다.

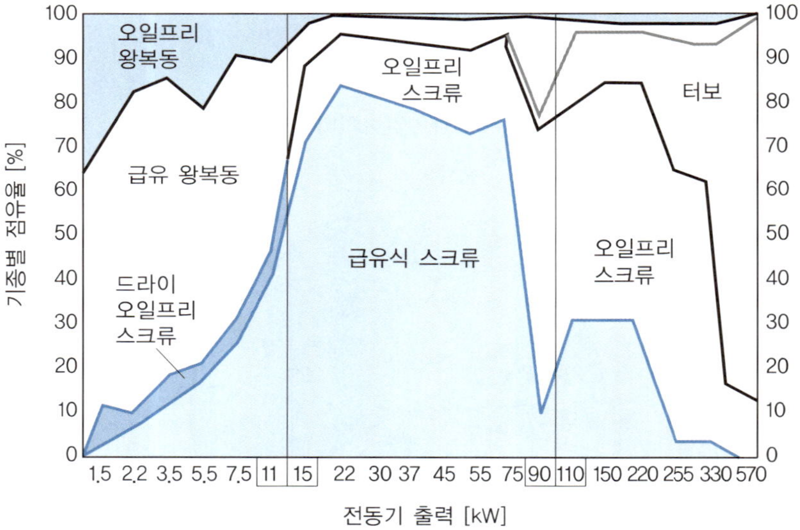

소형	중형	대형	
50,525	13,450	599	출하대수

그림 3.25 기종 구성과 출하대수 (2003년도 실적)

3.3.2 소형기

그림 3.25에 도시한 소형기의 범위에서는 연간 운전시간이 비교적 적고, 공기소비 패턴도 간헐적이므로 설정압력에 따라 자동적으로 기동 및 정지하는 자동발정기가 주류이다. 표준 토출압력은 이 목적에 부합하도록, 자동 기동압력과 자동 정지압력

의 차압을 크게 확보하기 때문에, 0.84MPa 정도로 비교적 고압으로 하여 공기탱크에 축압하여 압축공기를 사용한다. 형식적으로는 왕복동기가 주류이며, 11kW급의 급유식 스크류식과 왕복동식이 거의 절반정도로 되어 있다. 또 스크롤식도 드라이 오일 프리 용도로 채용되고 있다.

3.3.3 중형기

중형기 이상이 되면, 연간 운전시간이 많아지며, 24시간 연속운전의 예도 많아진다. 중형기가 전체 공기압축기의 소비전력에 차지하는 비율은 3/4 전후 정도로 알려져 있으며, 공기압축기의 성에너지의 관점으로부터 이 중형기의 성전력화의 추진이 가장 중요하다는 것을 알 수 있다.

중형기는 소비공기량의 변동범위가 넓기 때문에 부분부하 소비전력 특성이 양호한 기종이 요구되며, 전부하시 전력뿐만 아니라, 부분 부하시 소비전력을 절감하는 것이 큰 성전력 효과와 연결된다. 기종적으로는 스크루기가 거의 대부분을 차지하며, 이중에서도 급유식 스크류기가 많다. 오일 프리 용도로서는 드라이 트윈 스크류, 수윤활 트윈 스크류가 있다. 일부 PET병 성형용, 비상용 엔진의 발전 용도로 고압의 왕복동기가 사용되는 경우도 있다.

3.3.4 대형기

대형기의 범위는 공장, 사업소의 압축 공기원의 Base Load로서 역할을 담당하기 때문에 전부하시 소비전력 특성이 양호한 것이 필요하다. 이와 같은 대형기의 범위에서는 스크류 압축기뿐만 아니라 그림 3.25에 나타낸 속도형 압축기 중 원심압축기가 많이 사용된다.

3.3.5 공기압축기의 축출력과 형식에 의한 소비전력비율

현재 출하되고 있는 공기압축기를 전동기 출력별르 대수비를 조사하여 보면, 1.5~11kW 이하의 소형기가 3/4 정도로 압도적인 비율을 차지하고 있다. 15~90kW 미만의 중형기는 1/4 정도, 그리고 90kW 이상의 대형기는 1% 정도에 불과하다.

한편 소비하는 전력면으로부터 비율을 보면, 소형기는 연간 운전시간이 적을 뿐만 아니라 전동기 출력도 작기 때문에, 10% 정도에 불과하다. 중형기는 65%~70% 정도이며, 나머지 20~25% 정도가 대형기이다. 그림 3.26에는 공기압축기의 전동기 출력에 따른 대수 및 소비전력의 비율을 도시한다.

기종적으로는 스크류 공기압축기가 전체 공기압축기 소비전력의 80% 정도를 차지하며, 이중에서 급유식 스크류 공기압축기가 대략 70% 정도를 차지한다(그림 3.27 참조). 스크류 공기압축기에 대한 소비전력 성능향상에 대한 필요성은 전부하 성능뿐만 아니라 부분 부하 성능에 대해서도 점점 증가하고 있는 추세이다.

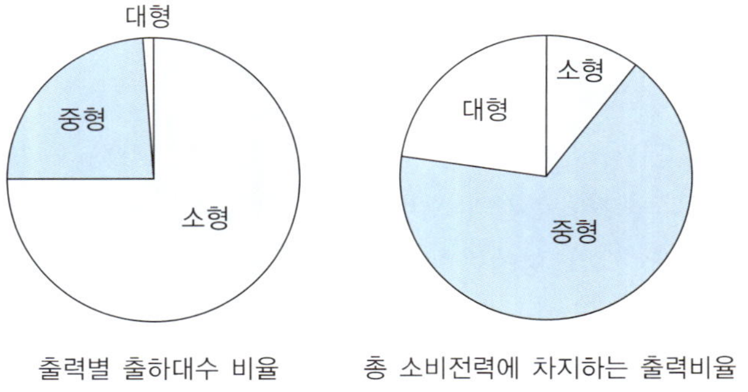

그림 3.26 공기압축기의 전동기출력에 따른 대수 · 소비전력 비율

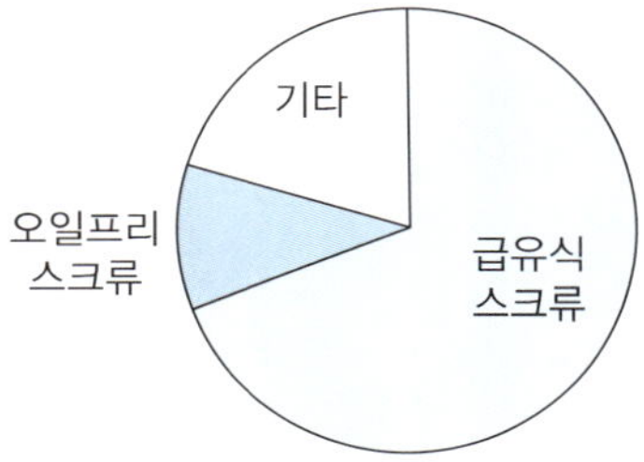

그림 3.27 공기압축기의 총소비전력에 차지하는 스크류 공기압축기의 비율

3.3.6 공랭식 공기압축기와 수냉식 공기압축기

중간냉각기, 후냉각기, 오일냉각기 등과 같은 공기압축기 유닛에 내장되어 있는 냉각기의 냉각방식은 공랭식과 수냉식이 있으며, 이들의 비율을 보면, 15kW 이하의 경우는 거의 대부분이 공랭식을 채용하고 있다. 이러한 공랭식 공기압축기의 개략적인 비율을 그림 3.28에 도시한다.

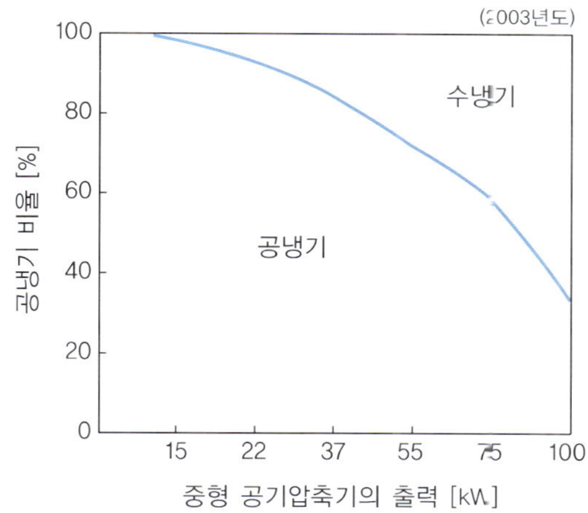

그림 3.28 공기압축기의 공·수냉의 비율

3.4 공기압축기의 용도와 적정압력

압축공기는 매우 다양한 용도로 사용되고 있다. 크게 나누어 보면, 공기 실린더와 같은 구동력으로서 사용되는 용도와 압축공기를 블로어로서 사용하여 공기류에 의한 확산, 혼합, 제어 등과 같은 그룹으로 대별할 수 있다(그림 3.29 참조). 에어레이션(Aeration), 분체수송 등의 블로어 계에서 필요한 공기압력은 일반적으로 공기실린더 계보다는 낮은 저압이며, 중고압 배관라인을 분기하여 감압밸브로 소정의 저압력 압축공기로서 사용되는 경우가 많다.

힘의 전달, 작동 밀다, 회전하다	제조 프로세스 불다, 날리다	제어, 조정 혼합하다, 냉각하다
• 공기실린더 • 공기모터 • 공기클램프 • 공기기중기 • 공압공구(드릴, 햄머, 끌, 글라인더) • 공기브레이크(철도차량, 관람차)	• 진공이젝터 • 성형(PET병, 유리성형) • 분체수송(그레인, 음료, 사탕, 시멘트, 밀, 스티로폴가루 등) • 도장(스프레이도장,몰타르) • 표면처리(샌드블라스트, 아이스 블라스트) • 공기제트룸(CR룸) • 청소공기건, 세정 등 • 농업, 골프 등(양파, 밤껍질깍기, 골프슈즈, 씨앗뿌리기 등)	• 에어레이션(수도수질조정, 호수동결방지, 토양개선, 활성분뇨, 세제, 제빙) • 조정(도시가스칼로리, 발효프로세스) • 건조, 냉각(제어판넬냉각, 약품, 베니어 공장) • 진공이젝터(반도체합성, 기타 화공공정)

그림 3.29 압축공기의 용도

공기실린더계의 성전력화는 최근 들어 에너지 절감에 대한 시대적 관심과 함께 많은 연구가 진행되고 있으나, 용도로서는 블로어 계통이 많다. 대략 70~80% 정도가 블로어 용도로 사용하는 공장 및 사업소의 예가 많다. 따라서 이 분야에 대한 성전력 기술에 대한 개선이 필요하다. 실린더계를 고압라인, 블로어계를 저압라인으로 용도별로 나누어 보면, 전체 소비전력을 고려하는데 있어서 하나의 대책이 될 수 있다.

압축공기의 이용방법을 산업분야별로 나누어 보면,

- 힘의 전달, 작동용으로 사용되며, 공압기구, 공기실린더, 공기기중기, 공기크랭크 등에 사용
- 연소, 건조, 에어레이션, 분체수송, 발효 등의 프로세스 공정으로 사용
- 이들의 기기, 프로세스 공정의 기동, 정지, 조정 등과 같은 제어목적으로 사용

으로 나눌 수 있다. 참고로 각 분야에서 압축공기의 사용 예를 표 3.1에 요약한다.

표 3.1 압축공기 사용의 구체적인 예

산업분야	용 도
광산	암석드릴, 석탄드릴
쇄석장	암석드릴, 홈파기공구, 공기기중기
석조	샌드블라스트, 공압끌, 묘비 글자새김기기
우물파기	유전, 우물파기 드릴의 마모방지, 날의 냉각
철광	압연, 제강, 코우크스로, 공압공구, 기중기
단조	공기햄머, 공기기중기, 공기글라인더, 샌드블라스트
주조	셀성형연소버너, 공기글라인더, 샌드블라스트
비철금속	알루미정련, 콘베이어, 다이캐스트머신
다이캐스트	형상수정 글라인더, 임펙트렌치, 공기클램프
건설 · 토목	에어돔
	토목공법
	터널콘크리트 시공
	아스팔트 플랜트
	터널 몰타르 시공
	지반개량
	공압공구, 드릴, 브레이커, 에어건
석유화학	청소용

표 3.1 압축공기 사용의 구체적인 예 (계속)

산업분야	용 도
석유	중질유 채취용
파이프라인	공압자동제어
플라스틱	사출성형, 몰딩프레스, 공압클램프, 발포스티로폰분체
시멘트	건조원료압송, 에어레이션, 슬러리혼합, 암석드릴
유리	블로어성형, 버너산소공급
고무	몰드청소, 공정제어
도자기	에어모터, 소결샌드블라스트
도료	밀봉, 충진용, 이송
종이	포장용 공기실린더, 권지반송, 펄프콘테디너건조, 살균
자동차	자동조립기, 공기기중기, 임펙트렌치, 공압드릴, 공압잭, 공압글라인더
자동차수리	타이어 탈착, 공압그리스건, 공압잭, 타이어공압충진, 도장에어건
항공기	리벳햄머, 렌치, 조립지그, 엔진스타터, 도장
철도	공기브레이크, 도어개폐, 공압공구
선박	엔진스타터, 보수용에어, 어뢰용공기모터, 어뢰발사용
조선소	공기햄머, 리머, 드릴, 스프레이건, 공기기중기, 공기모터, 청소용에어, 공압컨베이어
기계제조	공기기중기, 베니어플랜트건조, 스프레이 도장
축수제조	생산라인, 포장, 공기베어링
폭발성형	공압피스톤성형
목공업	공압공구, 공압제어, 프레스작업, 절삭공구냉각
가구	고급우레탄도장, 목공용공압공구
인쇄	신문인쇄장치, 청소용, 반송장치
반도체제조	슬라이싱머신, 웨이퍼장치, 와이어본딩기계, 이젝터
컴퓨터	부품자동제조라인
전자부품	부품건조, 부품피이더, 자동조립기
전기기계	자동조립기, 전기인두, 공압컨베이어
섬유	에어제트룸, 연사기, 편기, 염색
피혁	염색용 스프레이도장
세탁소	의류프레스, 용액스프레이건, 모피청소용 에어건
빌딩·점포	수도관내 청소, 가스관내 청소, 관내코팅, 스프링쿨러

표 3.1 압축공기 사용의 구체적인 예 (계속)

산업분야	용 도
골프장	슈즈건, 잔디씨앗 뿌림용, 스프링클러
스키장	스노우머신
극장 · 오락장	영사기청소, 제트코스터 브레이크
병원	수술용공압공구, 공조기, 약품 스프레이, 수술실
치과	공압드릴, 공압이용 물 스프레이기, 세정
제약	발효공정, 약품건조, 이송, 충진, 포장
비누 · 세재	원료 에어레이션, 액교반기
농업	경작, 가지치기, 살충제 스프레이, 농약살포기
농업기계	양파, 밤 껍질까기
낙농	병두껑 취부용, 병세정, 원료이송, 공압컨베이어
식품	용기세정, 소세지 충진, 패킹, 된장발효
음료품	용기세정, 에어레이션, 이젝터, 살균기구
증류	그레인, 몰드이송, 공압작동시스템
제빙	에어레이션, 청소, 공기기중기
호수수질개선	호수의 수질개선용 에어레이션 시스템
호수동결방지	호수의 동계 취수 동결 방지용 에어레이션 시스템
오염처리	에어레이션 탱크교반용, 이송
발전	판넬냉각, 가스터빈 발전기 스타터, 자동제어
도시가스	칼로리 조정
해저탐사	고압공기펄스에 의한 광물, 석유탐사
풍동실험	초음속 항공기의 연구개발

CHAPTER

4 압축일과 소비전력

4.1 압축기의 성능과 전부하시 소비전력

압축기의 전부하시 소비전력 성능은 ISO(국제표준화기구) 1217-1996 "용적형 압축기 - 수입시험", "용적형 압축기 - 시험 및 검사방법", JIS 8341-1995에서 규정된 비에너지량으로 표시된다.

압축기 패키지의 비에너지 W의 정의

$$W = L / Q_s \quad [\mathrm{kW}/(\mathrm{m}^3/\mathrm{min})] \tag{4.1}$$

여기에서

L : 압축기 유닛의 총입력 전력량[kW]

(냉각홴, 펌프 등의 부속기기 입력전력도 포함)

Q_s : 압축기 흡입상태 환산 토출 공기량[m^3/min]

비에너지값이 작은 압축기가 성에너지 압축기로 된다. 즉 1m^3/min의 대기를 소정의 토출압력으로 승압시키기 위해서 필요한 압축기 패키지의 필요전력이 작을수록 성능이 좋은 압축기이다. 압축기 패키지가 아니라 내부 압축기 본체만의 성능을 평가하는 경우에는 위의 식(4.1)에서 L은 압축기 본체의 축동력 값을 이용한다.

현재 양산되고 있는 공기압축기의 공표 사양값에 다한 토출공기량, 비에너지 및 무부하시 입력값의 분산 허용치는 표 4.1에 주어진 바와 같이 JIS8 341-1995에서 규정하고 있다.

표 4.1 성능의 허용범위

축동력	전부하		무부하동력(입력)
	공기량	비에너지	
10kW 이하	±6.0%	±7.0%	±20%
10~100kW	±5.0%	±6.0%	±20%
100kW 이상	±4.0%	±5.0%	±20%

ISO나 JIS에서 규정하고 있는 성능규제는 공표값의 분산에 대한 규제이다. 더욱이 중국에서는 다른 국가들보다 먼저 성전력 성능을 나타내는 비에너지의 절대값의 상한값 규제를 시작하고 있다.

중화인민공화국 국가표준 GB19153-2003 "용적식 공기압축기 에너지 효율 제한값 및 성에너지 평가값"에 의하면, 중국내에서 생산되는 용적형 공기압축기 중 왕복동식 압축기, 급유식 스크류 압축기는 에너지 효율 제한값 {규정의 비에너지량 kW/(m^3/min)} 이하로 되지 않는 경우 생산할 수 없다.

또 성에너지 평가값으로 되는 기준을 설정하여, 중국내에서는 성에너지 공기압축기로서 중국당국으로부터 인증을 받기 위해서는 이 성에너지 평가값 이하로 될 필요가 있다. 현재 용적형 공기압축기를 포함하여 22종의 제품에 본 인증을 적용하고 있으며, 압축기의 성에너지 성능을 평가하는 세계적인 경향의 하나로 주목을 받고 있다.

4.2 소비전력의 계산

4.2.1 전부하시 소비전력 L

공기압축기의 전부하시 소비전력 L은 다음의 식으로 주어진다.

$$\begin{aligned} L &= W \cdot Q_s \\ &= \sqrt{3}\, IV \cos\theta \\ &= L_s / \eta_m \end{aligned} \tag{4.2}$$

여기에서,

L : 전부하 소비전력 [kW]

W : 비에너지 [kW/(m^3/min)]

Q_s : 흡입상태 환산 토출공기량 [m^3/min]

I : 압축기 유닛의 전류 [A]

V : 압축기 전원전압 [V]

$\cos\theta$: 역율

L_s : 공기압축기의 축동력 [kW]

η_m : 공기압축기를 구동하는 전동기 효율이며, 다음으로 주어진다.

$$L_s = L_g + L_m \tag{4.3}$$

위의 식에서,

L_g : 공기를 압축하는데 필요한 동력 [kW]

L_m : 압축기의 기계적인 손실, 윤활유 교반손실 등의 총 손실 동력[kW]

위의 각 항들의 관련성을 정리하면, 표 4.2와 같이 정리된다. 현재 압축기 소비전력 성능평가는 비에너지 W로 기준을 정하고 있으며, 종래에는 압축기 축동력 L_s를 흡입상태 환산 토출 공기량 Q_s로 나눈 비동력이 평가기준이었다. 실제 소비전력 성능을 평가하기 위해서는 전동기 손실, 보조기기들의 소비전력도 포함하여 평가할 필요가 있다.

표 4.2 압축기 유닛의 소비전력과 내역

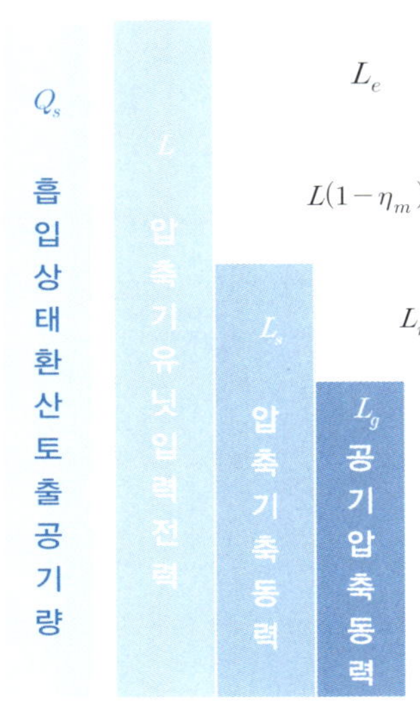

L_e	압축기 유닛에 내장된 보조기계의 입력전력(펌프, 냉각휀, 냉동식 드라이어 등)
$L(1-\eta_m)$	압축기구동 주전동기의 발열손실(정익, 동익의 열 손실, 누설, 축수손실)
L_m	압축기축수, 축밀봉장치, 로터, 피스톤의 마찰손실
	유체교반손실(로터, 증속기어 등)
L_i	공기압축일
L_d	압축공기 토출일

4.2.2 공기압축 동력 L_g의 이론계산식

단단형 압축기를 예로 계산하면, 공기압축 동력 L_g에 관한 이론식은 다음의 식 (4.4)로 주어진다.

$$L_g = L_{ad}/\eta_{ad} \tag{4.4}$$

여기에서,

L_{ad} : 이론 등엔트로피(Isentropic) 동력 [kW]

η_{ad} : 등엔트로피 전효율이며, 다음의 식으로 정의된다.

$$L_{ad} = \frac{(i+1)n}{n-1} \cdot \frac{P_s Q_s}{0.06}\left[\left(\frac{P_d}{P_s}\right)^{\frac{n-1}{(i+1)n}} - 1\right] \text{ [kW]} \tag{4.5}$$

위의 식에서,

P_s : 흡입공기의 절대압력 [MPa]

P_d : 토출공기의 절대압력 [MPa]

Q_s : 흡입상태로 환산한 공기량 [m^3/min]

n : 공기의 폴리트로픽 지수

i : 중간냉각기의 수

공기압축기에서 가장 일반적인 트윈 스크류 압축기를 일례로, 공기 압축동력을 압력-용량 선도로 그림 4.1에 모식적으로 나타낸다. 압축일 L_g는 굵은 실선으로 표시한 내면적으로 된다. 1대의 스크류 로터의 V자형 치차홈과 로터 케이싱에 의하여, 흡입공기가 스크류 로터 전장에 걸쳐 갇히게 된다. 이 체적을 이론 흡입공기량 V_{th}라고 하며, 그림 4.1에서 로터의 회전에 의하여, 이 V자형 홈의 체적은 왼쪽 방향의 출구를 향하여 갈수록 감소하므로 공기는 압축된다.

따라서 홈 내부의 압력 P_i는

$$\frac{P_i}{P_s} = \left(\frac{V_{th}}{V}\right)^n \tag{4.6}$$

에 의하여 증가하게 된다. 압축에 의하여 축소 변화하는 치차홈의 체적 V가 설계 내부 토출압력 P_{di}에 상당하는 치차홈 체적(토출체적) V_d에 도달하게 되면, 압축행정은 종료하며 토출구로부터 토출한다.

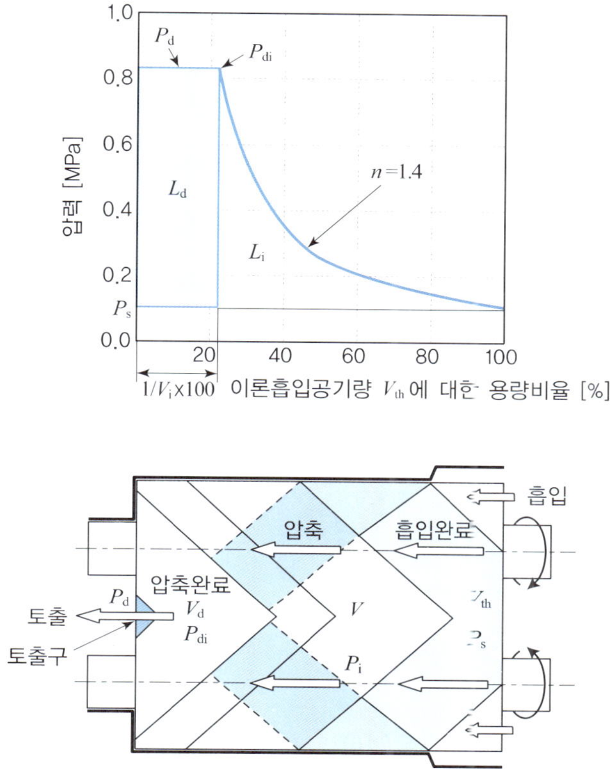

그림 4.1 전부하시 압력-용량 선도

그림 4.1의 일을 나타내는 면적은 대기압에서부터 토출압력까지 압축하는 내부압축일 L_i와 정압 토출일 L_d로 나누어진다.

$$L_g = L_i + L_d \tag{4.7}$$

여기에서,

L_i : 내부압축동력 [kW]

L_d : 정압 토출행정 동력 [kW]

회전형 압축기는 이론흡입 공기량 V_{th}를 각 압축기 고유의 설계체적 V_d까지 압축하여 토출하는 구조로 된다. 단단기를 예로 들면, 이 V_{th}와 V_d의 비를 내부체적비 V_i로, 이론 단열동력식 (4.5)을 정리하면 이하에서 기술하는 바와 같이 된다. 참고로 중간냉각기는 1단기에서는 없으므로 $i=0$이다.

실제의 소비동력은 토출공기량 Q_s가 아니라 압축행정 도중에서 누설하여 돌아오는 공기량도 포함한 이론흡입 공기량 V_{th}의 압축일에 대하여 소비되므로, 토출 공기량

Q_s 대신에 이론흡입 공기량 V_{th}로 바꾸어 계산하는 것이 실제의 동력에 가깝다.

흡입압력 P_s, 내부토출압력 P_{di}, 이론흡입체적 V_{th}, 토출체적 V_d 간에는 다음의 관계가 성립한다.

내부압력비 :

$$\pi_i = \frac{P_{di}}{P_s} \tag{4.8}$$

내부체적비 :

$$V_i = \frac{V_{th}}{V_d} \tag{4.9}$$

$$\pi_i = V_i^n \tag{4.10}$$

여기에서,

P_s, P_{di} 및 P_i의 단위는 [MPa]이며, V_{th}, V_d 및 V의 단위는 [m^3/min]이다. 따라서

$$L_{ad} = \frac{n}{n-1} \cdot \frac{P_s Q_s}{0.06}\left[\left(\frac{P_d}{P_s}\right)^{\frac{n-1}{n}} - 1\right]\ [kW] \tag{4.11}$$

$$= \frac{n}{n-1} \cdot \frac{P_s V_{th}}{0.06}(V_i^{n-1} - 1)$$

$$= \left(\frac{n - V_i^{n-1}}{1-n} + V_i^{n-1}\right)\frac{P_s V_{th}}{0.06}$$

$$= \left(\frac{n - V_i^{n-1}}{1-n} P_s + \frac{1}{V_i} P_s V_i^n\right)\frac{V_{th}}{0.06}$$

$$= \left(\frac{n - V_i^{n-1}}{1-n} P_s + \frac{1}{V_i} P_d\right)\frac{V_{th}}{0.06} \tag{4.12}$$

$$= \left\{P_s\left[\frac{1}{1-n} V^{n-1}\right]_{\frac{1}{V_i}}^{1} + (P_d - P_s)\left[\ V\ \right]_0^{\frac{1}{V_i}}\right\}\frac{V_{th}}{0.06}$$

$$L_i = P_s\left[\frac{1}{1-n} V^{1-n}\right]_{\frac{1}{V_i}}^{1}\frac{V_{th}}{0.06} \tag{4.13}$$

$$L_d = (P_d - P_s)\ \left[\ V\ \right]_0^{\frac{1}{V_i}}\frac{V_{th}}{0.06} \tag{4.14}$$

$$L_{ad} = L_i + L_d$$

위의 식 (4.11)과 (4.12)에서는 동일한 P_d, P_s, V_i의 압축기라도 P_d와 내부토출압력 P_{di}가 같지 않은 경우에는 다르게 된다. 내부 토출압력이 토출압력보다 낮은 경우와 높은 경우의 압축일의 변화를 그림 4.2에 도시한다. 이 경우 식 (4.12)이 식 (4.11)보다 압축일이 더 크다.

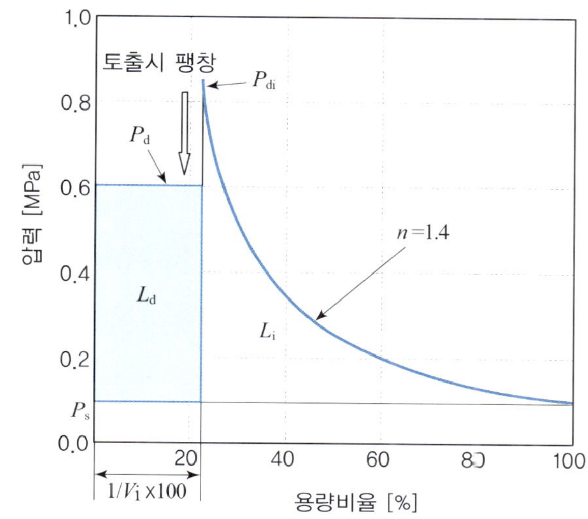

(a) 내부토출압력 > 토출압력인 경우 압축일

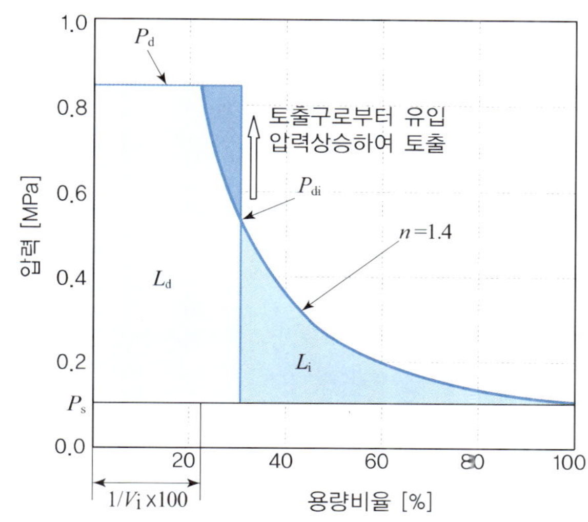

(b) 내부토출압력 < 토출압력인 경우 압축일

그림 4.2 내부토출압력과 토출압력의 차에 의한 압축일의 변화

회전식 압축기의 경우, 내부토출압력 P_{di}와 실제 토출압력에 차이가 있는 경우가 많으므로, 이론동력계산에는 식 (4.12)를 이용하는 것이 바람직하다. 실제의 압축기 축동력은 손실동력 L_m이 추가되기 때문에 L_s의 추정에는 각 압축기에서의 등엔트로피(Isentropic) 효율을 대략적으로 파악하여 둘 필요가 있다. 참고로 압축기의 형식과 용량의 크기에 따라 변화하지만, η_{ad}는 급유식 단단 스크류기인 경우 75% 전후로 된다.

$$\eta_{ad} = (L_g / L_s) \cdot \eta_v \tag{4.15}$$

흡입효율 : $\eta_v = Q_s / V_{th}$

4.2.3 압축일에 영향을 미치는 폴리트로픽 지수(Polytropic Index), n

가스의 압력 P와 용적 V사이에는 잘 알려진 다음의 식이 성립한다.

$$PV^n = \text{정수} \qquad PV = mRT \tag{4.16}$$

여기에서, m은 가스의 질량 그리고 R은 가스 정수이다.

위에서 n의 값에 따라서 실제 압축행정에서 발생하는 각종 변화를 얻을 수 있다. 지수 n에 따라 압력-용적 선도상에서 모든 방향의 변화를 표현할 수 있으므로, 폴리트로픽변화(Polytropic Process, 다방향의 변화를 의미)라는 명칭이 생겨났다(그림 4.3참고).

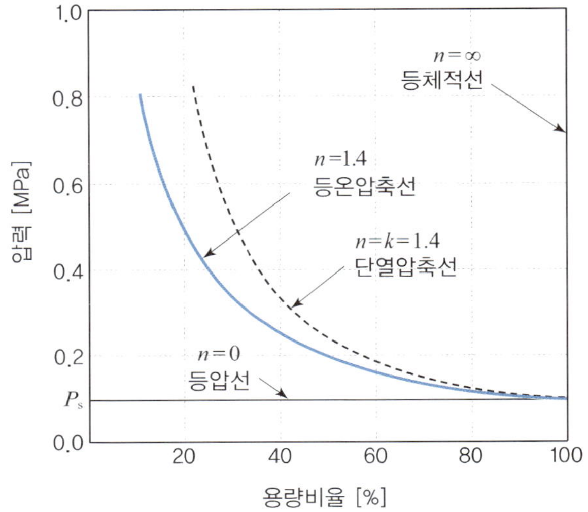

그림 4.3 폴리트로픽 변화와 폴리트로픽 지수 n

이러한 압력과 체적의 관계를 단단 급유식 스크류 압축기의 경우에 대하여 조사하여 보면,

$$
\begin{aligned}
&P_s V_{th}{}^n = P_{di} V_d{}^n \\
&P_s V_{th} = mRT_s \\
&P_{di} V_d = mRT_d
\end{aligned}
\tag{4.17}
$$

이들의 관계식으로부터 용적 V_{th}와 V_d를 소거하면,

$$
\frac{T_d}{T_s} = \left[\frac{P_{di}}{P_s}\right]^{\frac{n-1}{n}} \tag{4.18}
$$

가장 일반적인 압축조건으로 $T_s = 30℃$, $T_d = 80℃$, $P_{di} = 0.8\,\text{MPa}$, $P_s = 0.1\,\text{MPa}$의 값들을 위의 식에 대입하면,

$$
\frac{273+80}{273+30} = \left(\frac{0.8}{0.1}\right)^{\frac{n-1}{n}}, \quad n \fallingdotseq 1.08 \tag{4.19}
$$

로 되며, 등온압축과정에 가까운 것으로 예상하게 되지만, 실제의 압축행정에서 발생하는 압력상승선은 가장 급격한 각도로 된다는 것을 알 수 있다.

이전의 3장의 급유식 스크류 압축기에서 설명한 바와 같이, 압축행정에서 냉각액(급유식 스크류는 주입 냉각유, 수윤활 스크류는 주입냉각수)를 분사하는 압축기의 경우, 토출온도가 낮기 때문에 폴리트로픽 지수는 1.4보다 작을 것으로 생각하기 쉽지만, 실제로는 토출압축공기와 냉각액의 열교환 시간이 수 ms정도로 매우 짧기 때문에 압축공기는 냉각지연의 상태로 토출된다.

따라서 폴리트로픽 지수는 급유식, 수윤활식의 경우, 토출온도로부터 계산된 값으로는 되지 않으며, 동력계산에 사용되는 폴리트로픽 지수는 단열 압축시의 1.4가 실제와 가까운 값이다. 냉각액과 압축공기의 온도는 압축기 본체로부터 토출 후에 열교환을 종료하여 동일 온도로 된다.

4.2.4 소비전력의 계산예

75kW 급의 단단형 급유식 스크류의 경우(설계 내부체적비 V_i=1.4, 즉 설계내부 절대토출압력 P_{di}=0.8MPa의 조건인 경우),

(1) **게이지 토출압력이 0.75MPa인 경우**

내부압축동력	L_i	28kW
정압토출동력	L_d	37kW
손실동력	L_m	10kW
합동력	L_s	75kW

(2) **게이지 토출압력이 0.55MPa인 경우**

내부압축동력	L_i	28kW
정압토출동력	L_d	27kW
손실동력	L_m	10kW
합동력	L_s	65kW

4.3 단단기와 2단기의 소비전력 성능

다단형 공기압축기는 한 대의 압축기 본체에서 흡입, 토출하는 사이에 압력차가 작아지며, 누설량이 감소한다. 오일 프리 압축기의 드라이 스크류형이나 터보형에서는 단 사이에 중간냉각기를 설치하기 때문에 2단측 압축기의 흡입공기가 냉각되어 체적이 감소한다. 따라서 그림 4.4에 도시한 바와 같이, 단단형에 비해 동력이 저감되므로, 단단형에 비하여 십 수% 정도 소비전력이 감소한다. 또 2단측의 흡입온도도 감소하기 때문에 단단형기에 비하면, 1단 및 2단 모두 토출온도를 낮게 유지할 수 있다.

일반적으로 0.69MPa 토출사양, 스크류형의 경우 단단, 2단의 출력범위는,

- **드라이 오일 프리 스크류압축기** : 단단은 15~55kW, 2단식은 15kW 이상으로 사용된다.
- **수윤활식 스크류기** : 단단식은 중형기의 범위의 출력이다.
- **급유식 스크류 압축기** : 90kW 미안인 경우, 소형기는 단단, 대형기는 일본산인 경우 제조사에서는 150kW까지가 단단이다. 2단형은 125kW 이상의 대형기로부터 300kW 전후까지 사용되고 있다. 참고로 그림 4.5 그리고 그림 4.6에 2단형 급유식 스크류 공기압축기의 구조를 도시한다.

터보형은 드라이 오일 프리 압축기로 2단 그리고 3단형이 있지만, 범용 공기압축기로서는 2단식이 주류를 이룬다.

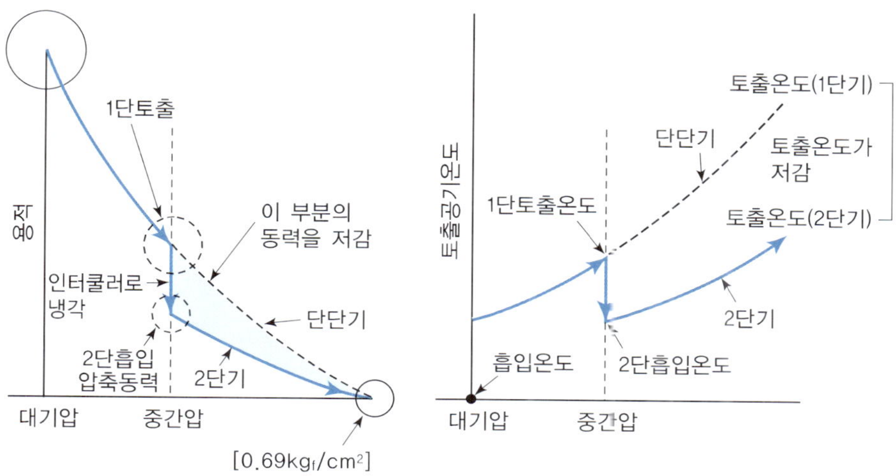

그림 4.4 단단기와 2단기의 비교

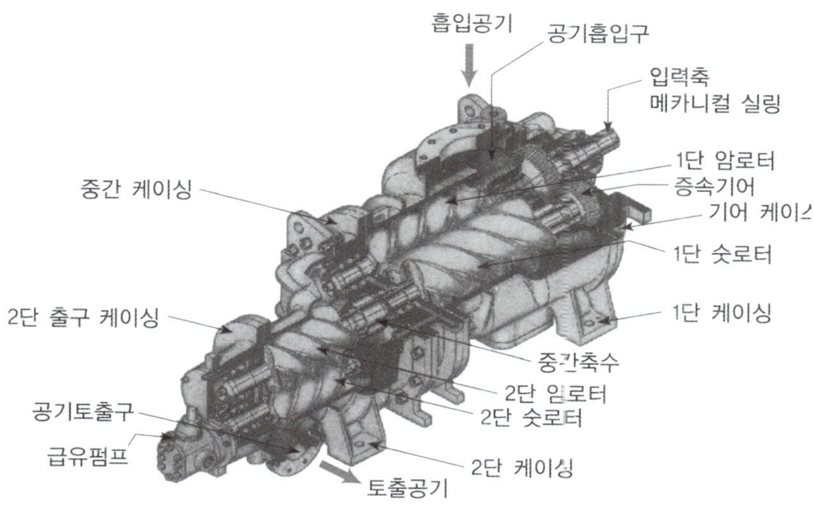

그림 4.5 Tandem 2단형 급유식 스크류 공기압축기의 본체

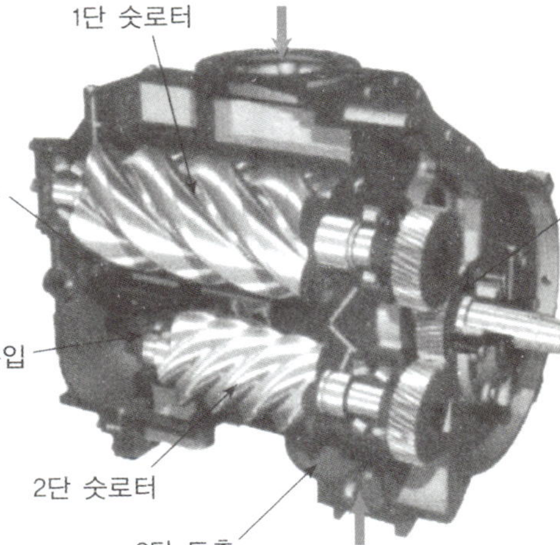

그림 4.6 Wing 2단형 급유식 스크류 공기압축기의 본체

4.4 드라이 오일 프리기와 급유식 · 수윤활식 스크류기의 소비전력 성능

기본적으로는 드라이 스크류, 터보압축기는 회전 스크류 로터, 임펠러를 지탱하는 축부의 밀봉이 비접촉이기 때문에 축 밀봉부로부터 공기누설을 피하기가 어렵다. 또 압축공정에서 틈새 밀봉으로 인한 윤활유나 물의 주입이 없기 때문에 압축도중에 누설이 발생하게 되므로, 소용량의 공기압축기에서는 누설량의 비율이 크게 된다.

각 형식의 압축기에서 단단과 2단의 성능에 대해서, 드라이 오일 프리식과 급유식, 수윤활 오일 프리식을 0.69MPa 토출압력 사양의 중형기 15~75kW급의 예를 들면, 그림 4.7에 나타내는 바와 같다. 드라이 오일 프리식 스크류에서도 2단식에서는 소용량 영역을 제외하고는 단단 급유식 스크류, 단단 수윤활 오일 프리식 스크류와 동일한 성능으로 된다.

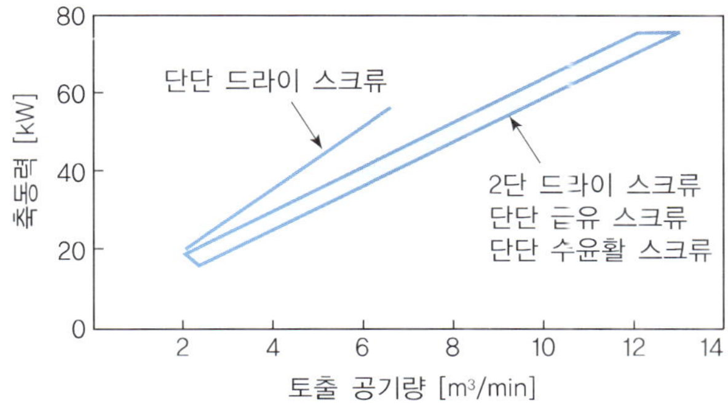

그림 4.7 **토출 공기량과 축동력**

4.5 손실전력의 저감

토출 공기량을 일정하게 한 경우, 소비전력을 저감하기 위해서는 비에너지가 작은 압축기를 선정하는 것이 기본적이지만, 각 압축기의 소비전력을 저감하기 위해서는 이하에서 기술하는 검토가 필요하다.

(1) 적정한 토출압력의 선정

압축기기 Unload 압력설정을 불필요하게 높게 하지 않고, 필요 최소한으로 설정하여 그림 4.1에 도시한 정압 토출동력 L_d의 저감을 시도한다.

(2) 토출 공기라인에서의 압력손실 저감

압축기 유닛 내부에서 발생하는 압력손실의 저감과 토출배관 라인에서의 압력 손실저감을 시도한다. 여기에 대해서는 다음 장에서 상세하게 설명한다.

(3) 성전력을 위한 유지/보수

공기압축기 유닛에는 먼지의 제거, 유분의 제거, 수분제거 등을 위하여 각종 필터가 설치된다. 이러한 필터는 운전시간의 경과와 함께, 압력손실도 증가하게 된다. 따라서 과대한 압력손실을 방지하고, 불필요한 전력소비를 억제하기 위해서는 필터류의 정기적인 유지/보수가 필요하다. 참고로 그림 4.8에는 급유식 스크류 압축기 계통을 도시한다.

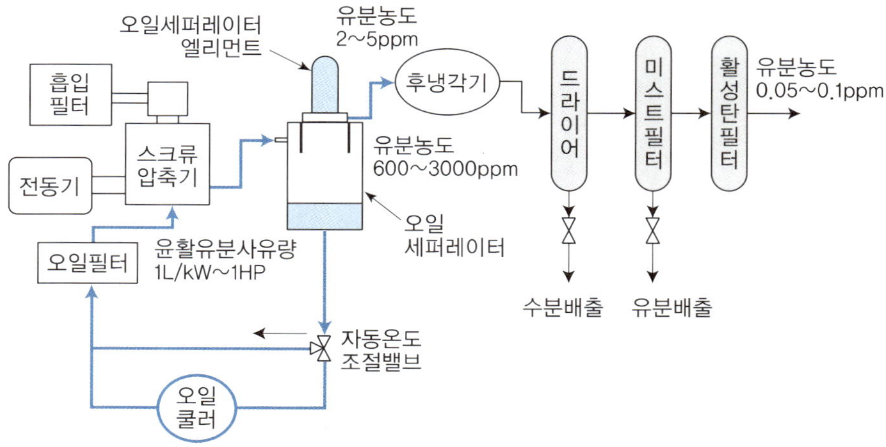

그림 4.8 급유식 스크류 공기압축기 계통

- **흡입 필터의 막힘에 의한 손실전력 계산사례** : 흡입필터의 막힘 현상으로 발생하는 압력손실의 증가로 인하여, 흡입압력이 감소하게 된다. 600mmAq의 압력손실이 증가한 상태로 운전하게 되면, 37kW의 압축기의 경우 토출공기량이 600mmAq / 10,000mmAq = 0.06, 즉 6% 정도 감소하게 되며, 이것은 운전시간이 6% 정도 길어지게 되는 것을 의미한다. 75kW의 공기압축기를 연간 6000시간 정도 운전하는 경우에는 75kW × 6000h × 0.06 = 26,640kW 정도 연간 전력손실이 증가하게 된다.
- **오일 분리기(Separator) 엘리먼트 막힘에 의한 손실전력 계산 사례** : 운전계통에 의하여, 초기 오일 분리기 엘리먼트에서 발생하는 압력손실에 의하여 0.08MPa 정도 차압이 증가한 상태로 운전하게 되면, 4.2.4절의 소비전력의 계산사례에서 기술한 바와 같이, 토출압력이 0.75MPa에서 0.83MPa로 상승하여 식 (4.12)에 의하여 6% 정도 소비전력이 증가하게 된다. 따라서 연간 6000시간 운전을 한다고 하면, 75kW × 6000h × 0.06 = 26,640kW 정도로 전력손실이 증가한다.

  각부 공기라인의 필터 막힘은 전력비의 증가와 직결되므로, 압력손실의 원인으로 되는 소모부품 교환을 정기적으로 실시하는 것이 운전비용 삭감에 도움이 된다.

(4) 전동기 효율이 좋은 전동기를 채용

압축기의 성능은 압축기 사양 중 축동력 [kW]만이 아니라, 압축기 구동 전동기의 입력, 압축기 유닛내 냉각팬 모터 입력, 펌프 모터 입력 등 전체 입력[kW]를 고려하여 평가하여야 하며, 전술한 바와 같이 ISO나 JIS에서도 이와 같이 총 입력전력을 근거로 하여 비에너지 평가 값으로 성에너지 성능을 평가하고 있다. 따라서 압축기 구동 전동기의 전동기 효율이 높은 전동기가 필요하다.

4.6 흡입공기 온도와 소비전력

기본적으로는 스크류형 등 용적형 압축기의 소비전력은 식 (4.11)과 식 (4.12)에서 주어지는 바와 같이, 흡입온도에 의하여 좌우되지는 않는다. 그러나 속도형 터보압축기에서는 소비전력은 흡입온도가 낮을수록 증가한다. 한편, 흡입 공기온도가 낮으면, 토출 공기 중량이 증가하기 때문에, 상대적으로 단위 토출 공기량 당 소비전력 성능은 증가하게 된다.

여기에서 주의를 필요로 하는 것은 압축공기에 의한 일은 대부분의 용도가 토출되는 공기의 중량 유량이 아니라 그 압축공기 라인에서의 압력과 대기와의 차압으로 이루어지기 때문에, 토출 공기온도가 저하되면, 체적유량이 감소하여, 그 만큼 라인 압력이 저하하기 때문에 낮은 흡입온도의 효과가 없어지게 된다는 점이다.

그러나 낮은 흡입온도로 성전력을 시도하는 경우에는 토출 공기의 온도가 감소하지 않도록, 특히 후냉각기, 드라이어 부 등에서 발생하는 온도저하의 대책이 필요하다. 만일 수냉식 압축기라면, 냉각수량의 조정, 공랭식 압축기인 경우, 압축기 본체의 흡입공기는 저온화 하더라도, 열교환기의 냉각공기의 온도는 낮아지지 않도록 하는 주의 깊은 배려가 필요하다.

또 저온의 외기를 도입하는 데에 있어서, 덕트 내에서 발생하는 압력손실이 증가하지 않도록 하는 주의가 필요하다. 예를 들면, 100mmAq의 흡입저항으로 토출 공기량은 1% 정도 감소하게 된다. 한랭지에서는 공기탱크를 옥내에 설치하면 온도저하가 작아지게 된다.

토출 공기온도의 저하대책으로 한다면, 10℃ 정도의 흡입온도 저감에 의하여, 용적형인 경우 2% 정도 성전력 효과가 얻어질 수 있다. 한편, 속도형인 터보압축기의 경우, 흡입온도가 감소하면, 흡입 공기중량이 증가하게 되며, 흡입공기 밀도의 증가에 의하여 소비전력도 증가하게 된다. 이로 인하여, 토출 공기량의 증가분은 Unload하게 되지만, Unload 특성에 따라서 용적형 보다는 효과가 크지 않다.

CHAPTER

5 압력변동형 용량제어에 의한 소비전력 저감

공기압축기의 소비전력저감을 고려하는 데에 있어서 전부하시 소비전력성능 이상으로 중요한 것은 부분 부하시 소비공기량의 비율에 따라 압축기가 용량제어되는 경우에 소비전력저감 성능이다. 대개 용량제어 방식은 크게 두 가지로 나누어지며, 토출라인의 압력변동량에 따라 소비공기량의 증감을 검출하여, 부분 부하시의 소비전력을 절감하는 압력변동 용량제어와 토출라인의 압력을 일정하게 유지하면서 소비공기량의 증감에 따라 압축기 회전속도를 제어하는 정압 용량제어로 나눈다. 이장에서는 여러 제어방식이 있는 압력변동 용량제어에 대하여 기술한다.

5.1 흡입교축방식

규정의 토출압력을 초과하게 되면, 그 차압에 따라 압축기의 흡입구를 교축하여, 흡입압력을 부압으로 하여 흡입압력의 진공도를 자동 제어하여 토출 공기량을 제어하는 방식이다.

전혀 공기를 소비하지 않는 때에도 제 4장의 그림 4 1의 내부압축동력 L_i는, 흡입압력 P_s가 진공에 가깝게 되고, 내부 토출압력 P_{di}가 작아지게 되기 때문에, 대폭적으로 줄어들게 된다. 한편, 정압 토출동력 L_d는 감소하지 않고, 오히려 증가하기 때문에 전부하시의 70%~75% 정도의 전력을 소비하게 된다. 상시 부하에 가까운 영역에서 운전되는 경우가 아니라면, 성에너지 면으로부터 매우 불리하다.

이전의 식 (4.12)을 사용하여 계산하여 보면, 전부하시 동력 L을 100%로 한 경우,

내부압축동력 L_i ≒ 4%

정압토출압력 L_d ≒ 60%

손실동력 L_m ≒ 10%

0% 용량시 흡입교축 계산동력 L_u ≒ 74%

로 되며, 대략적으로 실제의 소비동력을 추정할 수 있다.

용량변화시의 토출 압력변화와 0%의 토출 용량시의 압력-용량 선도를 그림 5.1에 나타낸다. 일반적으로 교축방식의 용량조정은 흡입 교축밸브와 압력조정 밸브에 의하여 계통도 그림 5.2와 같이 이루어진다.

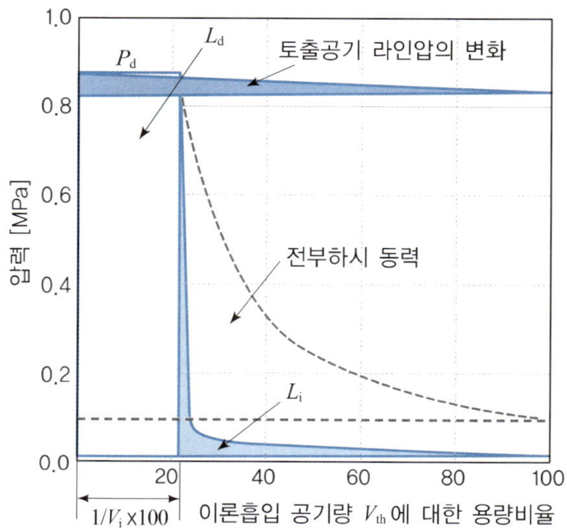

그림 5.1 흡입교축 용량제어의 압력-용량선도

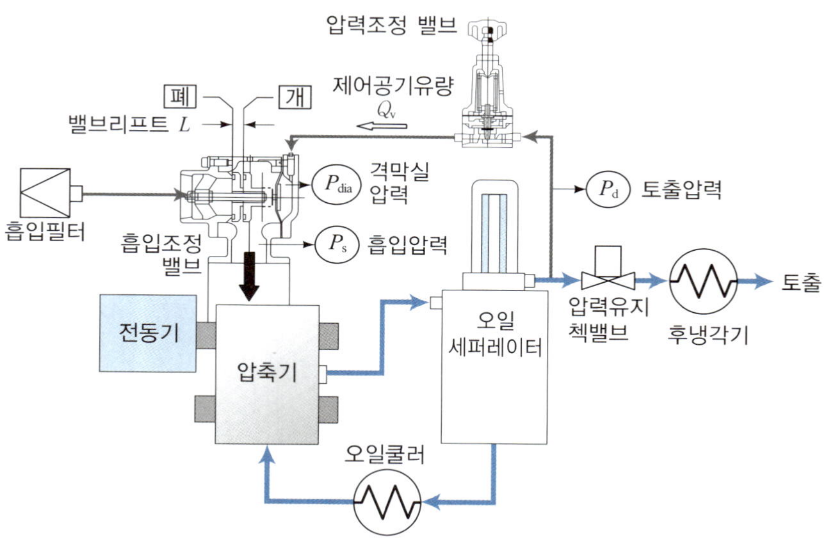

그림 5.2 흡입교축 방식의 계통도

5.1.1 압력조정밸브

압력조정밸브는 공기유량 조정밸브의 일종이며, 설정밸브 열림 압력이상의 토출압력으로 되면, 설정압력과 토출압력 간의 차압에 비례하여, 공기유량이 변화하는 특성을 가진다. 그 구조와 유량특성의 예를 그림 5.3에 도시한다.

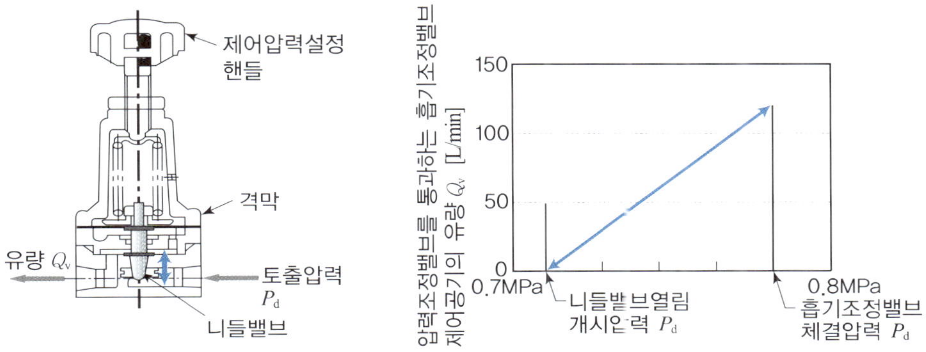

그림 5.3 압력조정 밸브의 구조와 압력·유량특성

5.1.2 흡입교축밸브

격막(Diaphragm) 방식과 피스톤 방식이 있으며, 격막 방식은 그림 5.4와 같은 구조로 되어 있으며, 압력조정 밸브로부터 유입하는 공기유량에 비례하여, 격막실내의 압력이 높아지게 된다. 이때, 흡입교축밸브를 밸브시트 방향으로 밀어 붙여, 밸브리프트량을 좁게 하여 흡입 공기유량을 교축하며, 흡입압력의 진공도를 높이게 된다. 소비공기량이 증가하여, 토출압력이 감소하면 압력조정 밸브의 유량이 작아지게 되며, 격막실내 압력이 저하하여, 밸브리프트가 증가하게 되므로 진공도가 낮아지므로, 흡입공기량이 증가한다.

용량 변화시, 토출압력 변화, 흡입 압력변화, 격막실내 압력변화와의 관련성을 그림 5.5에 도시한다. 흡입교축 방식의 공기압축기에서는 흡입압력을 계측·기록하면 소비공기량과 시간대별 소비공기량의 변화패턴을 알 수 있다. 이러한 흡입교축방식의 소비전력변화 특성을 그림 5.6에 도시한다. 어떤 용량범위에서도 위에서 기술한 L_d와 L_m이 감소하지 않기 때문에 소비전력 저감특성은 좋지 않다. 그러나 흡입교축방식의 장점은 부분 부하시의 압력 변동량이 적고, 변동에 대한 응답성이 우수하기 때문에 레이저 가공용도, 석조용도 등의 압력변동이 있어도 무방한 용도에 활용된다.

급유식 스크류 공기압축기에서 자주 채용되는 방법이며, 드라이 오일 프리식 스크류에서 흡입교축을 행하면, 흡입압력이 진공으로 되기 때문에 토출압력에 대한 압축압력비가 크게 될 뿐만 아니라 토출온도가 지나치게 높아지는 문제점이 발생하므로 거의 채용하지 않는다.

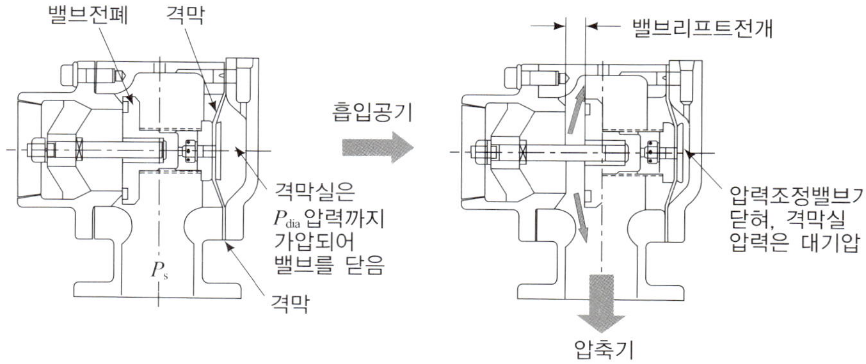

그림 5.4 흡기조정 밸브의 구조

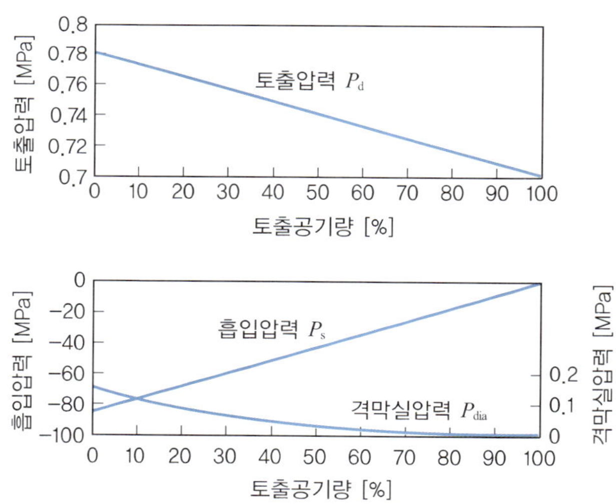

그림 5.5 소비공기량 변화시의 흡기조정 밸브의 압력변화

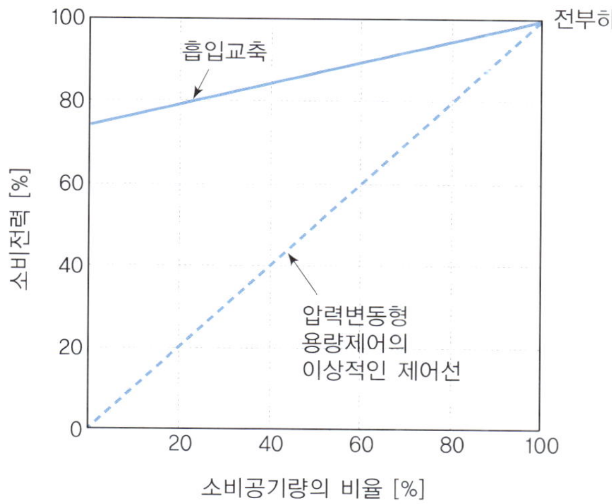

그림 5.6 흡입교축 방식의 동력저감 특성

5.2 흡입교축방식 + 퍼지방식 + 자동기동/정지

용량제어 방식으로서는 최근에 표준적으로 채용되는 방식이며, 이 방식의 소비전력 변화 특성을 그림 5.7에 도시한다. 일정의 부분부하 이상은 흡입교축을 행하며, 그 이하의 영역에서는 토출라인 압력은 유지하면서, 그림 5.2의 압력 유지 첵밸브 전의 라인으로부터 퍼지개시 신호를 받아 전자밸브를 개방하고, 압축기의 토출 측 압력을 대기로 개방, 퍼지하여 소비동력을 저감한다. 이러한 상태를 일정 시간 계속하면, 압축기를 자동적으로 정지시키는 방식이다.

그림에서는 20% 정도로 비교적 적은 소비공기량으로 퍼지를 개시하는 경우이다. 퍼지상태에서는 공기가 토출되지 않기 때문에 소비공기량에 따라 라인압력은 저하하게 된다. 토출라인 압력이 필요 최소압력으로 저하하면 자동적으로 재기동하여, 전부하 상태로 복귀한다.

저부하에서는 퍼지상태, 퍼지개시 전후의 상태, 정지상태의 시간비로 용량제어가 이루어진다. 퍼지상태에서의 압력-용량 선도를 그림 5.3에 나타낸다. 그림 5.1과 비교하면 퍼지에 의하여 압축기 토출압력이 0.2MPa까지 저하하기 때문에 상당히 정압 토출압력 L_d가 저감된다.

전부하에 대한 소비전력 비율을 계산하여 보면,

내부압축동력 L_i ≒ 5%

정압토출압력 L_d ≒ 15%

손실동력 L_m ≒ 6%

0% 용량 퍼지 운전시 계산 동력 L_u ≒ 26%

로 되며, 이 값은 실측값과 거의 일치한다.

퍼지개시의 중요한 점은 일반적으로 공기소비 패턴에 맞추어 조정이 가능하다는 것이다. 퍼지개시 후 압축기유닛 내부의 압력을 방출하는 시간이 필요하며, 그 사이에 압축기내 압력이 서서히 감소하기 때문에 퍼지개시 후의 동력저하 특성은 직선적이 아니라 곡선으로 된다. 공기탱크의 용량이 크면, 퍼지상태 시간을 길게 유지할 수 있으므로, 특성이 좋아진다.

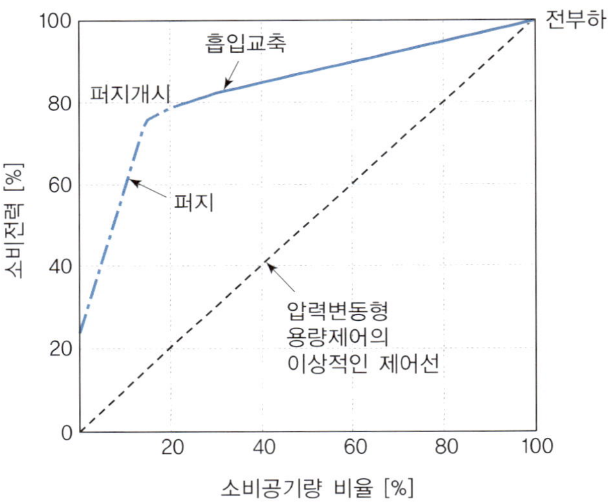

그림 5.7 흡입교축 + 퍼지 + 자동기동/정지제어의 동력저감 특성

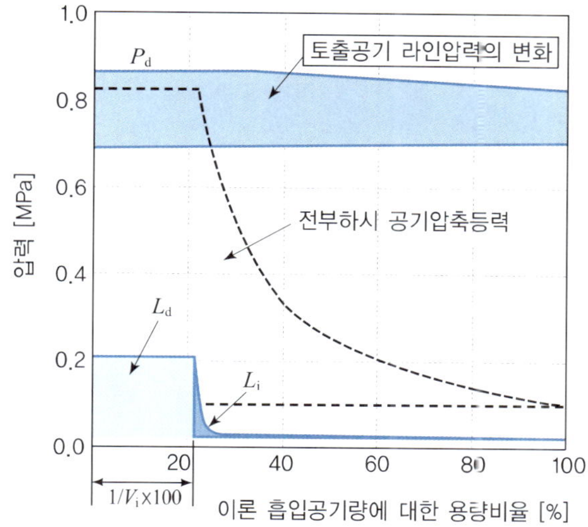

그림 5.8　퍼지방식의 0% 무부하시 압력-용량선도

5.3 On-Off 방식

On-Off 방식에서는 100% 전부하 운전과 정지상태 운전을 반복하게 되며, 각 상태에 머물러 있는 시간비로 용량제어를 수행한다. 압축기 구동 전동기의 기동/정지 빈도 제한으로부터 단속운전의 패턴이 많은 극소형기 또는 소형기에서 주로 채용되며, 중형기로의 적용은 매우 드물다.

5.4 Load/Unload 방식

용적형 공기압축기에서 최근 많이 채용되는 퍼지 방식으로 일종으로 용량제어 방식이다. 소비공기량이 감소하여, 토출 공기압력이 설정 상한 압력값을 넘게 되면, 단계적인 흡입교축을 수행하지 않고, 바로 흡입밸브를 닫는다. 제어방법은 전자밸브가 열려 피스톤을 가압하여, 압축기의 흡입구를 닫아 진공으로 하는 동시에, 압축기 본체의 토출라인을 대기에 방출(퍼지)한다. 이때, 압축기 본체 토출압력을 0.1MPa~0.2MPa 정도까지 저하시킨다. 퍼지상태에서의 소비전력비율이나 토출 공기라인 압력은 전술의 그림 5.8과 같이 된다.

압축공기의 소비로부터 압축공기 라인압력이 설정한 압력값 이하로 되면, 흡입구를 완전히 열어 100% 전부하 상태로 퍼지운전 상태를 바꾸어 각 운전시간비로 용량제어를 수행하는 방식이다. 퍼지상태에서의 소비동력이나 퍼지상태가 일정시간 이상으로 지속되면 자동 기동/정지하게 되는 것은 [흡입교축 + 퍼지 + 자동기동/정지] 방식과 유사하다. 이러한 제어 특성을 그림 5.9에 도시한다. 중형 스크류 압축기에서는 급유식, 드라이 오일 프리식으로도 자주 사용된다. 일반적으로 제어 특성은 공기탱크 용량에 좌우되며, 탱크의 용량이 클수록 좋아진다.

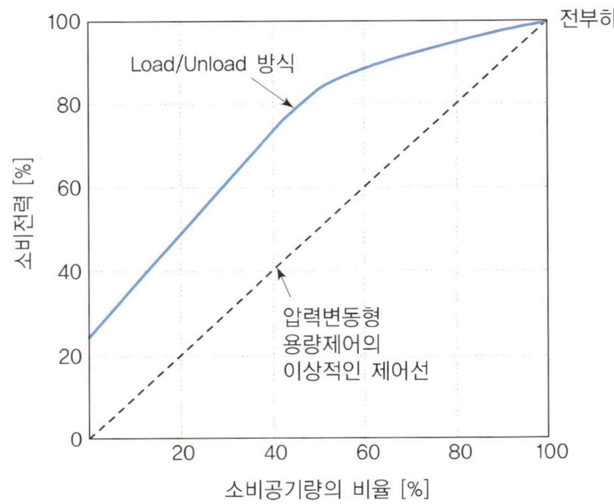

그림 5.9 Load/Unload 방식의 동력저감 특성

5.5 슬라이드 밸브 방식

150kW 이상의 급유식 스크류 공기압축기에서 채용되는 용량제어 방식으로, 그림 5.10 및 그림 5.11에 도시한 바와 같이 스크류 로터를 둘러싸는 케이싱의 일부가 축 방향으로 미끄러지는 구조를 가진다. 소비공기량에 따라 변화하는 토출압력의 변동량을 검출하여, 유압유닛을 이용하여 유압 피스톤으로 슬라이드 밸브를 구동하면, 고정부와 슬라이드 밸브 사이를 열어 흡입되는 공기를 바이패스 시킨다. 이때, 압축에 유효한 스크류 로터의 길이를 조정하여 용량제어를 수행한다. 슬라이드 밸브는 공기사용량에 따라 100%부터 25%까지 자동적으로 무단계적으로 용량제어를 수행한다. 25% 이하의 용량영역에서는 퍼지로 이행하여, 소비전력을 절감한다.

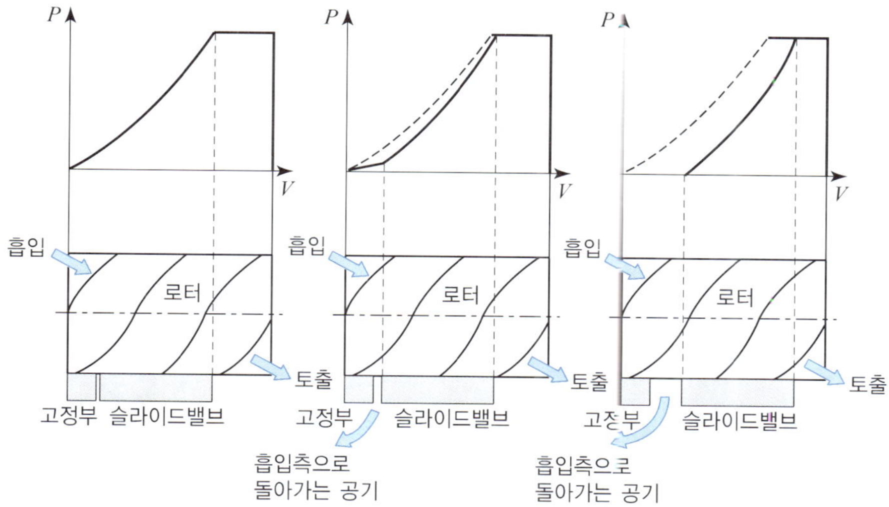

그림 5.10 슬라이드밸브에 의한 용량제어

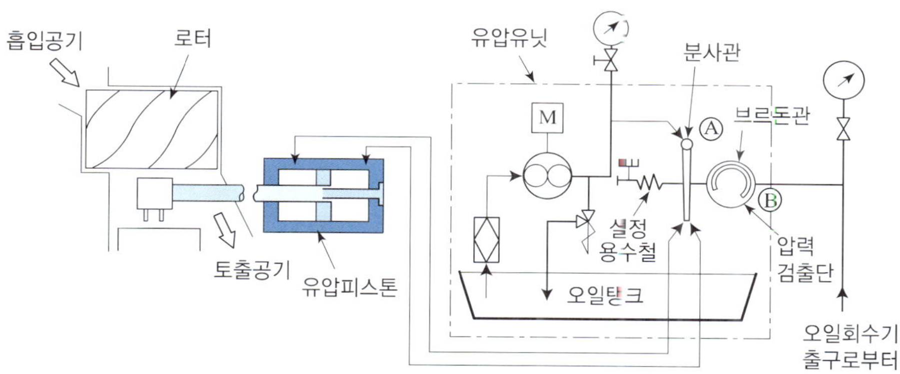

그림 5.11 슬라이드 밸브의 작동계통

그림 5.12에는 동력저감 특성을 도시한다. 그림에서 알 수 있는 바와 같이 100%부터 50% 정도까지의 영역에서는 매우 우수한 성전력 특성을 보이며, 150kW 이상의 대형 2단 급유식 스크류식에 채용된다.

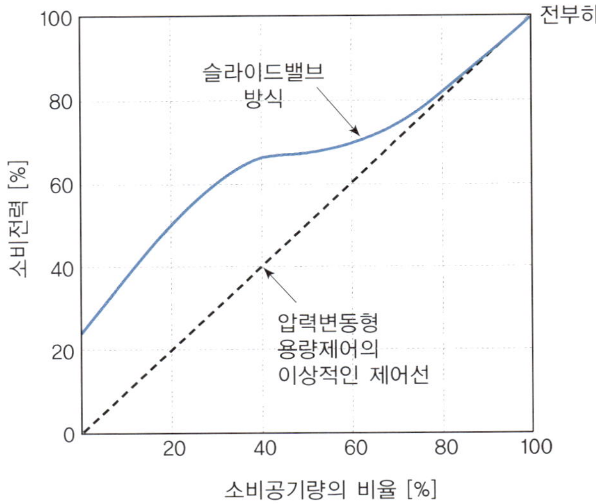

그림 5.12 슬라이드 밸브 방식의 동력저감특성

5.6 각 용량제어 방식의 적용출력과 성전력 성능비교

각 용량제어 방식이 일반적으로 적용되는 공기압축기의 전동기 출력범위와 특징을 표 5.1에 정리한다. 각 방식에 의한 성전력 성능차는 다음의 장의 그림 6.12, 그림 6.13 그리고 그림 6.14에 도시하며, 참고하기 바란다.

표 5.1 각 용량제어 방식의 적용 전동기의 출력범위와 특징

<table>
<tr><th rowspan="2">용량제어 방식</th><th colspan="7">적합한 전동기출력범위(kW)</th><th rowspan="2">특징</th></tr>
<tr><th>1.5</th><th>7.5</th><th>15</th><th>37</th><th>75</th><th>150</th><th>250</th></tr>
<tr><td>흡입교축식</td><td></td><td></td><td>■</td><td>■</td><td>■</td><td></td><td></td><td>라인압력변동이 적으나, 성전력 특성은 좋지 않음</td></tr>
<tr><td>흡입교축 + 퍼지 + 자동기동/정지</td><td></td><td>■</td><td>■</td><td>■</td><td>■</td><td>■</td><td>■</td><td rowspan="3">사용공기량에 대하여 충분한 공기탱크를 설치하면 좋은 성능을 얻을 수 있음</td></tr>
<tr><td>On–Off식</td><td>■</td><td></td><td></td><td></td><td></td><td></td><td></td></tr>
<tr><td>Load/Unload + 자동기동/정지</td><td></td><td>■</td><td>■</td><td>■</td><td>■</td><td></td><td></td></tr>
<tr><td>슬라이드밸브</td><td></td><td></td><td></td><td></td><td></td><td>■</td><td>■</td><td>넓은 범위에서 좋은 성능을 얻을 수 있음</td></tr>
</table>

CHAPTER

6 정압 · 회전속도 제어방식에 의한 소비전력 저감

전체 공기압축기 소비전력의 70% 이상을 차지하는 중형 공기압축기는 부하변동이 크고, 전술한 바와 같은 전부하시 소비전력 성능에 더하여, 부분 부하시 소비전력 성능이 특히 중요하다. 지금까지의 중형 공기압축기의 용량제어 방식의 동향을 조사해 보면,

- 흡입교축 ⇨
- 흡입교축 + 퍼지 ⇨
- 흡입교축 + 퍼지 + 자동기동/정지 ⇨
- Load/Unload + 자동기동/정지 ⇨

의 흐름이지만, 이들은 Unload 개시 상한압력, Unload 정지 하한압력을 설정한 압력변동형 용량제어 이었다. 공기압축기의 소비전력 절감에 대한 필요성이 최근 들어 중요한 이슈로 대두됨에 따라, 수년전부터 부분부하 성능개선을 기본으로, 압축공기 라인압력을 일정하게 유지하면서, 구동 전동기의 회전속도를 제어하여 용량제어를 수행하는 인버터(Inverter) 회전속도제어 공기압축기가 등장하였다.

회전속도 제어 공기압축기는 부분 부하시 성전력 성능이 압도적으로 뛰어날 뿐만 아니라 동시에 압력변동 용량제어와 같은 압력 변동량을 이용한 제어가 아니라 토출압력이 정압으로 제어된다. 이 때문에 압력변동 폭 만큼 퍼지방식이나 Load/Unload 방식에 비하여 전부하시의 토출압력을 저감할 수 있어 전부하시 소비전력도 저감된다. 최근에 이러한 성전력 성능의 효과가 인식되기 시작하여, 인버터 회전속도제어 공기압축기의 비율이 급속히 늘어나고 있는 추세이다.

중형 급유식 스크류 압축기에서는 이미 출하된 압축기의 절반 정도가 인버터 제어 방식의 공기압축기이다. 대형기 오일 프리 스크류에서도 비율이 점점 증가하고 있는 추세이며, 소형 급유식 스크류에서도 비율이 증가하고 있다. 따라서 가까운 장래에

는 중형 공기압축기에서는 인버터 회전속도 제어기가 표준으로 될 가능성이 높다.

6.1 표준전동기 방식

표준적인 2극, 4극 전동기를 인버터 제어에 의하여 회전속도 제어하는 방식이다(그림 6.1 참조). 회전속도 제어시의 입력전력과 출력전력의 차인 전력손실은

$$\text{전체 효율} = \text{인버터 효율} \times \text{인버터 구동시의 전동기 효율}$$

로 비교할 필요가 있다. 전동기의 종류로서는 유도전동기와 영구자석 동기전동기가 채용되고 있으며, 통상적으로 압축기 본체는 벨트증속장치, 기어증속장치에 의하여 증속하여 구동된다.

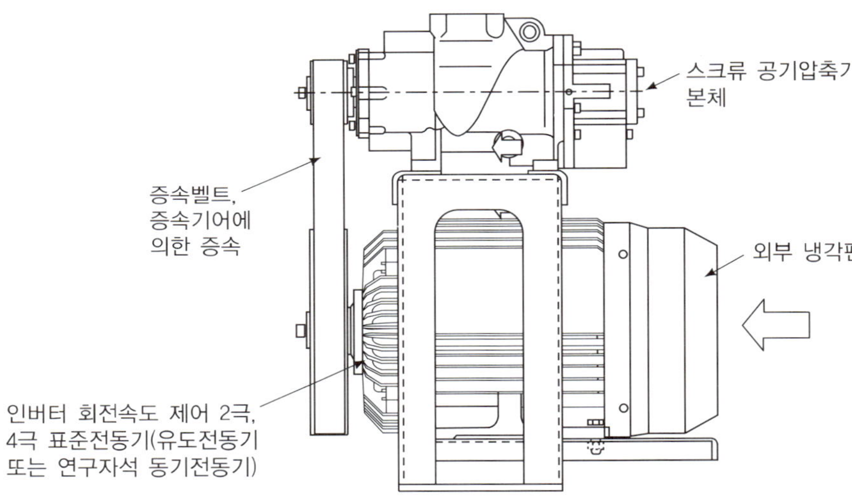

그림 6.1 표준전동기에 의한 인버터 회전속도 제어

6.1.1 유도전동기

유도전동기의 경우, 인버터 구동시의 고조파 성분에 의하여 미끄럼이 크게 되며, 모터 효율의 저하를 초래하게 된다. 저 회전속도 영역에서는 전동기 코일의 온도상승의 한도로 인하여 회전속도 제어 범위가 제한된다.

6.1.2 영구자석 동기전동기

영구자석을 전동기 회전자에 포함시켜, 회전자의 손실전력을 없애고 전동기 효율을 높인다. 동기전동기이므로, 회전자의 위치 검출이 필요하며, 압축기 본체 진동의 영향을 피하기 위하여 회전자 위치 검출은 펄스발생기에서 검출하지 않고, 무센서(Sensor-less) 동기전동기가 채용된다.

제어 측면에서는 동기전동기이므로, 탈조(급속한 속도변화나 과부하시에 제어펄스와 전동기의 회전속도가 동기를 잃어 버려, 제어 불가능한 상태로 되는 상황)에 의한 전동기 정지를 방지하는 것이 중요한 문제로 되어 있다. 전동기의 온도, 회전속도 변화에 따른 특성변화 등, 각 운전 상태에서의 보호사양이 결정되어, 압축기 운전특성에 맞추어 탈조대책이 실시되고 있다. 그림 6.2는 무센서 영구자석 전동기 구동 압축기의 회전속도 제어상의 문제점과 탈조대책을 나타낸다.

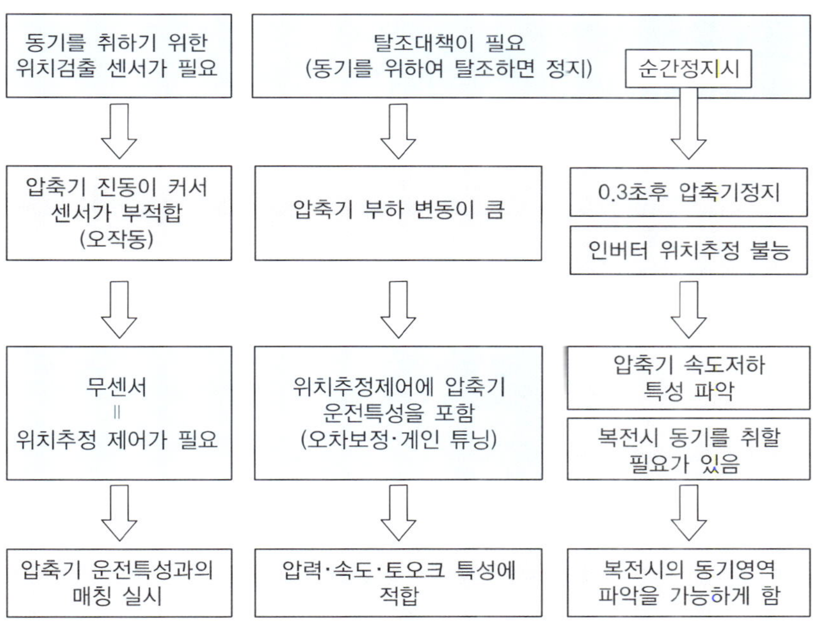

그림 6.2 무센서 영구전동기 구동압축기의 회전속도 제어와 탈조대책

구조면에서는 SPM(Surface Permanent Magnet)와 Reluctant Torque를 유효하게 이용할 수 있는 IPM(Internal Permanent Magnet)이 있다. 유도전동기와 구조 비교를 그림 6.3에, 그리고 대표적인 인버터 제어시의 전동기 효율을 표 6.1에 정리한다. 공기압축기의 성전력 성능평가가 입력전력에 근거한 비에너지로 이루어지고 있기 때문에, 전공기의 고효율화는 장래 더욱 발전할 것이 분명하다.

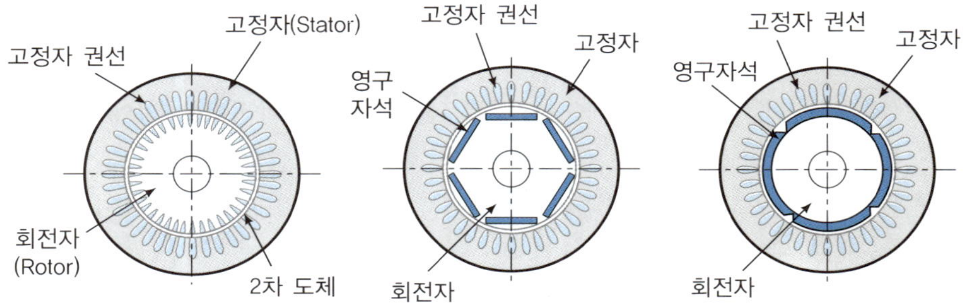

(a) 유도전동기 (b) IPM 동기전동기 (c) SPM 동기전동기

그림 6.3 유도전동기와 영구자석 동기전동기

표 6.1 인버터 구동전동기의 전동기 효율

37kW 전동기 형식	유도전동기				영구자석 동기전동기					
	표준		고효율		SPM(페라이트자석)		IPM(페라이트자석)		IPM(네오지움자석)	
인버터구동시	전동기효율	손실(kW)	전동기효율	손실(kW)	전동기효율	손실(kW)	전동기효율	손실(kW)	전동기효율	손실(kW)
100% 부하시	89	4.2	92	3.1	90	3.7	92	3.0	93.5	2.4
50% 부하시	87	4.8	90	3.7	89	4.1	91	3.3	93.0	2.6

6.2 고속전동기 직결방식

회전속도를 증속, 감속할 수 있는 인버터 압축기의 특징을 살려, 벨트 증속장치, 기어 증속장치 등을 가지지 않는 5000~7000rpm 정도의 고속전동기에서 직접 스크류를 구동하는 형식의 인터버 제어 압축기이다. Overhang 전동기를 직결하여 한 축으로 구성한 급유식 트윈 스크류에서는 그림 6.4 및 사진 6.1과 같은 구조를 가지는 것이, 그리고 싱글 스크류에서는 사진 6.2와 같은 것이 주로 사용된다.

전동기는 전동기 효율을 향상시키기 위한 IPM(Internal Permanent Magnet)이나 HPM(Hybrid Permanent Magnet) 영구동기전동기가 채용되고 있다. 이들 구조를 사진 6.3에 나타낸다. HPM은 ISM(Induction Synchronous Magnet), 자기기동형

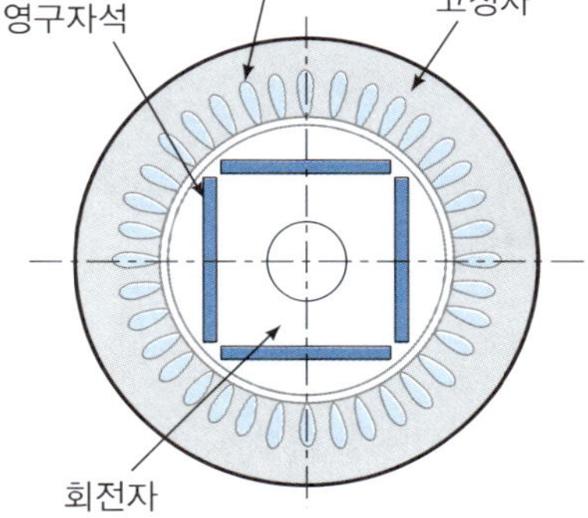

(a) IPM형 고속 영구자석 전동기

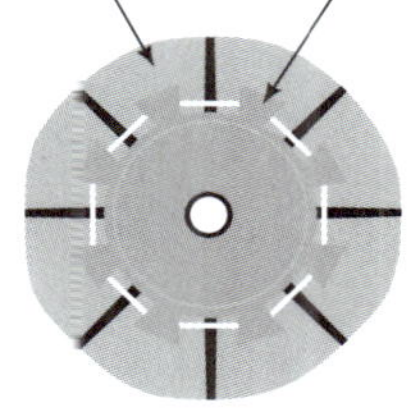

(b) HPM형 고속 영구자석 전동기의 고정자

그림 6.4 고속 영구자석 동기전동기

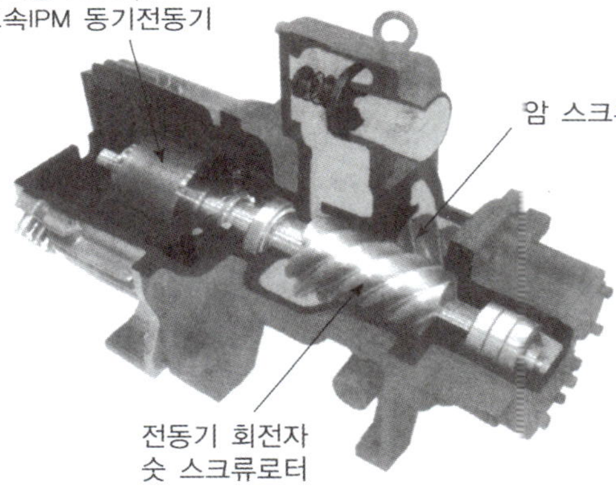

사진 6.1 Overhang형 고속 IPM 동기전동기 직결 스크류 압축기

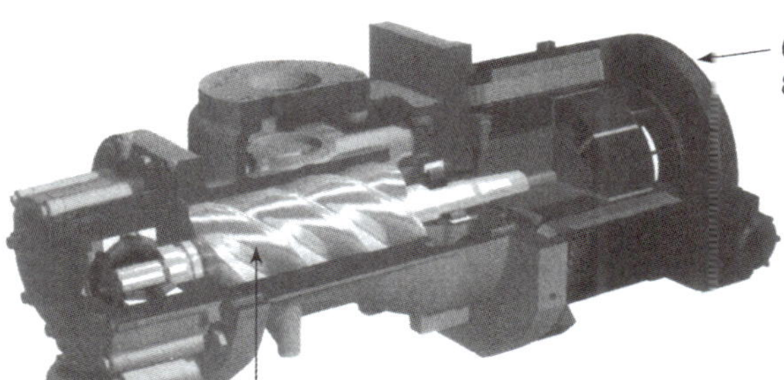

사진 6.2 Overhang형 고속 HPM 동기전동기 직결 스크류 압축기

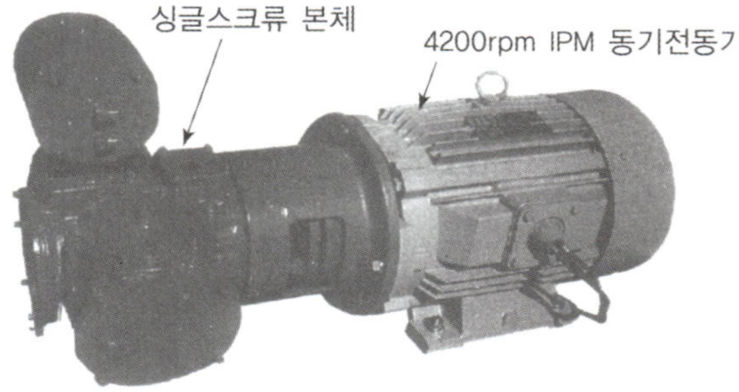

사진 6.3 고속 IPM 동기전동기 직결 싱글 스크류

전동기라고도 불린다. 유도전동기(인덕턴스 모터)의 회전자에 영구자석이 설치되어 있다. 시동으로부터 동기회전 속도 근방까지는 유동전동기의 원리로 운전되며, 동기 속도 근방에서 영구자석 전동기의 원리로 동기에 의한 운전으로 된다.

전동기 효율의 개략적인 비교에서는 IPM전동기 > HPM전동기 > 유도전동기의 순으로 알려져 있다. 영구자석 동기전동기는 유도전동기에 비하여 전동기 회전자의 손실이 없기 때문에, 발열이 적고, 회전속도 범위를 넓게 취할 수 있는 장점이 있다. 각 용량제어 특성을 비교하면, 표 6.2와 같은 제어범위로 된다.

표 6.2 인버터 회전수제어 공기압축기의 회전수 제어범위

			제어회전수의 범위(rpm)								
형식			0	1000	2000	3000	4000	5000	6000	7000	8000
표준	유도전동기	트윈스크류									
	IPM동기	트윈스크류									
고속영구자석	IPM동기	트윈스크류									
	HPM동기	트윈스크류									
	IPM동기	트윈스크류									

6.3 회전속도 범위에서 소비전력 특성 변화

6.3.1 스크류 공기압축기 로터의 최적 원주 속도

인버터 회전속도 제어 스크류 공기압축기의 소비전력은 제어하는 회전속도 N_r에서 로터의 원주속도 U에 따라 변화한다.

$$U = \frac{\pi D_m N_r}{60} \tag{6.1}$$

여기에서, U는 트윈 스크류의 로터 원주속도 [m/s]

D_m : 트윈 스크류의 숫로터의 외경 [m]

N_r : 암로터의 회전속도 [rpm]

일반적으로는 소비전력 성능(비에너지 W, 제 4장 참조)은 급유식 트윈 스크류 공기압축기의 경우 20m/s 전후로, 드라이 오일 프리식 트윈 스크류의 경우 80~100m/s 정도에서 가장 좋은 성능(비에너지가 최소)으로 된다.

이 스크류 로터의 원주속도에 의한 성능변화를 다음의 항목 별로 고찰해 보자.

(1) 회전속도 변화에 따른 급유식 스크류의 흡입효율 변화

제 4장 4.2절에서 설명한 바와 같이, 스크류 로터가 흡입행정에서 흡입하여 갇힌 공기량 V_{th}와 실제로 토출한 공기량을 흡입구에서의 압력, 온도조건(대기조건)으로 환산한 공기량 Q_s와의 비를 흡입효율 η_v라고 한다. 압축행정에서는 숫 로터, 암 로터 간의 틈새 간이나, 로터 케이싱과 로터간의 틈새로부터 토출 측과 흡입 측과의 압력차로 흡입하여 가두게 되는 공기의 일부가 흡입 측으로 누설하여 돌아간다. 따라서 단위시간당 누설량은 회전속도에 비례하지 않고, 대략적으로 압력차와 틈새면적에 의하여 결정되므로, 누설량의 비율은 낮은 원주속도 일수록 낮게 된다.

한편, 고회전 속도로 될수록 압축기에서 흡입필터로부터 흡입되는 공기는 흡기조정밸브, 흡입유로를 통과하는 과정에서 회전속도에 따른 압력손실이 높아지며, 대기보다도 흡입한 공기량 V_{th}의 밀도가 낮아져 η_v가 낮아지며, 이러한 관계를 그림 6.5에 도시한다. 그림으로부터 저회전 속도 영역에서 누설량의 비율이 상당히 많아진다는 것을 알 수 있다.

$$Q_s = V_{th} \cdot \eta_v \tag{6.2}$$

(2) 회전속도 변화에 따른 급유식 스크류의 비토오크 변화

회전속도에 따라 소비동력 특성이 어떻게 변화하는지를 고찰하는 경우, 1회전 당 이론 흡입공기량 1L를 소정의 토출압력까지 압축하는데 필요한 토오크로 비교하는 것이 일반적이다. 이러한 토오크를 비토오크 N_s(Specific Torque)라고 정의하면, 압축기의 축동력 L_s는,

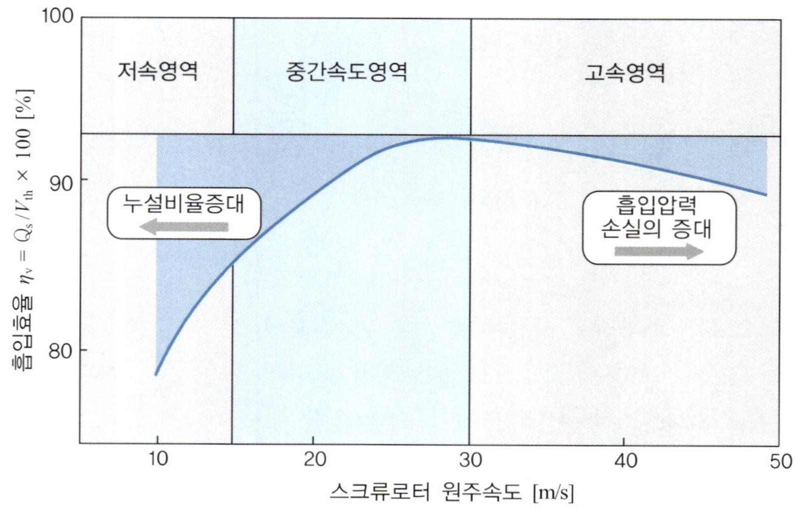

그림 6.5 회전속도에 따른 급유식 스크류 압축기 본체의 흡입효율 변화

$$L_s = \frac{N_s \cdot V_{th} \cdot N_r}{99.4} \tag{6.3}$$

여기에서,

L_s는 축동력 [kW]이며,

N_s : 비토오크 [N·m/L]

V_{th} : 1회전당 이론 흡입공기량 [L/rev]

N_r : 숫로터 회전속도 [rpm]

한편, 제 4장의 4.2절에서 기술한 바와 같이, 축동력 중의 손실동력 L_m과 관련되며, 급유식 스크류에서는 윤활유 교란손실이 회전속도로 크게 변화하기 때문에, 그림 6.6에 도시한 바와 같이 고회전 속도로 될수록 비토오크가 증가하게 되며, 1회전 당 일 량이 증가하게 된다.

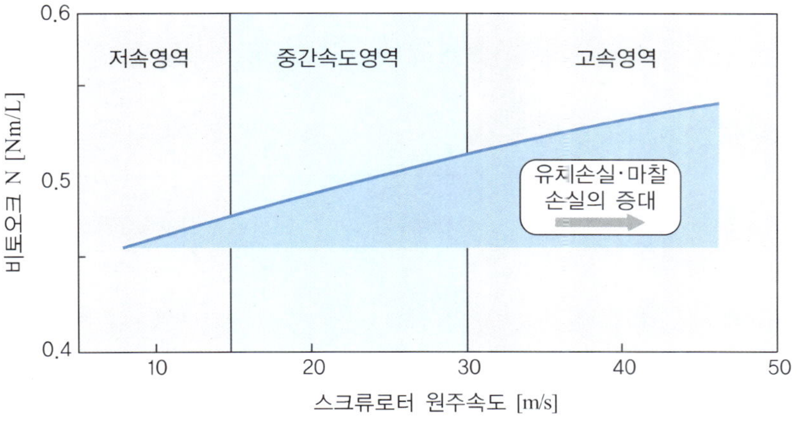

그림 6.6 회전속도에 따른 급유식 스크류 압축기 본체의 비토오크 변화

(3) 회전속도 변화에 따른 급유식 스크류의 비에너지 변화

전술한 바와 같이, 단위 공기량 당 소비전력 성능을 비교하는 데에는 비에너지 W(입력전력을 압축기 흡입상태 환산 토출 공기량으로 나눈 값)의 대소로 판단한다. 이러한 비에너지량이 회전속도에 따라 어떻게 변화하는지는 제 4장의 4.2절로부터,

$$W = \frac{L}{Q_s} = \frac{L_s}{Q_s \cdot \eta_m} = \frac{\dfrac{N_s \cdot V_{th} \cdot N_r}{99.4}}{\dfrac{V_{th} \cdot N_r \cdot \eta_v \cdot \eta_m}{1000}} = \frac{1000\,N_s}{99.4\,\eta_v \cdot \eta_m} \fallingdotseq \frac{10N_s}{\eta_v \cdot \eta_m}\ [\mathrm{kW/(m^3/min)}] \tag{6.4}$$

로 되며, 그림 6.5와 그림 6.6을 합성하면, 비에너지의 회전속도에 의한 변화를 파악할 수 있다. 급유식 트윈 스크류의 비에너지 W의 변화 예를 그림 6.7에 도시한다.

실제로는 분사하는 오일의 온도, 량, 점도, 그리고 위치에 따라 변화하게 되지만, 토출압력이 일정한 조건이라면, 비에너지 변화에 대해서는 로터의 원주 속도의 영향이 가장 크다.

드라이 오일 프리식 스크류 압축기의 경우, 저속으로 될수록 비에너지가 증가하여, 소비전력성능은 나쁘게 된다. 더욱이 고온의 스크류 로터간의 누설공기의 흡입공기에 대한 상대적 비율의 증가로, 흡입 공기온도가 과열되어, 저속일수록 실제 흡입온도가 상승하고, 토출온도가 상승하여 운전한계에 접근하기 때문에, 제어가능한 회전속도 범위에는 제한이 있게 되며, 통상 50%의 범위에서 회전속도 제어를 수행한다.

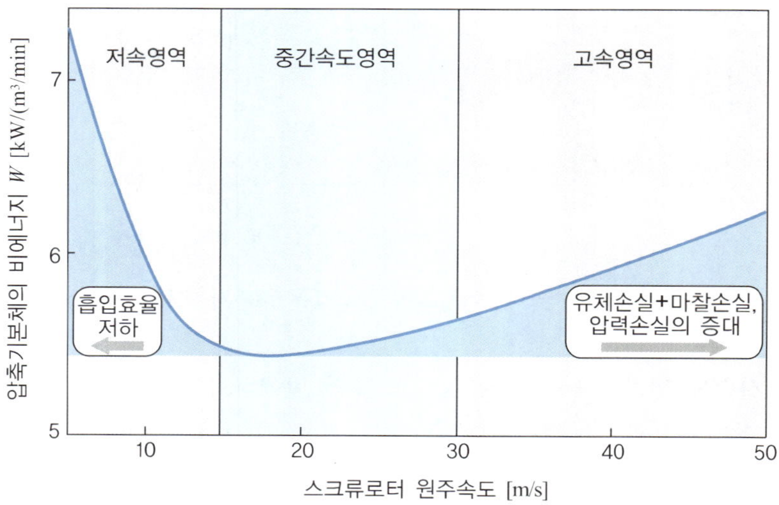

그림 6.7 회전속도에 따른 급유식 스크류 압축기 본체의 비에너지 변화

- **고속영역** : 압축기의 회전속도가 고속으로 될수록, 유체손실, 기계적 마찰손실이 증가하고, 제 4장에서 설명한 손실동력 L_m의 비율이 증가하여, 압축기 본체의 비에너지가 크게 된다. 이러한 회전속도 범위에서는 회전속도가 낮아질수록 성능은 좋아지게 된다. 고속영역을 최고 회전속도로 채용하는 인버터 회전속도 제어 공기압축기에서는 고속 회전속도 영역에서 손실동력 저감기술의 우열로 성능차가 발생하게 된다. 회전속도 범위를 넓게 잡는 것이 고속회전 속도 제어형의 장점이다.
- **중간속도영역** : 회전속도 변화에 따른 성능변화가 비교적 작은 범위에 있으며, 부하범위 전체에 걸쳐 평균적으로는 전력소비 성능이 양호하다.
- **저속영역** : 손실동력 L_m은 회전속도가 감소함에 따라 작아지게 되지만, 그 이상으로 흡입효율 η_v가 대폭적으로 저하하기 때문에, 회전속도 감소에 의하여 전력저감 특성은 나쁘게 된다. 최고 회전속도를 이 영역으로 선택하면, 회전속도 저감에 의한 소비전력의 저감특성이 나빠지며, 회전속도 제어범위가 좁아지게 되므로, 인버터 회전속도 제어의 장점을 살릴 수 없다.

(4) 인버터 회전속도 제어기의 자동 기동/정지

제어범위가 좁은 인버터 회전속도 제어기에서는 최저 회전속도를 초과하게 되면, 퍼지상태를 거쳐 정지하게 된다. 회전속도 제어 범위가 넓고 10% 용량까지 회전속도를 제어할 수 있는 기종은 퍼지상태를 거치지 않고 바르 정지한다. 소비공기량이 다시 증가하면 압축기 본체의 압력에 관계없이, 순간적으르 재기동하는 점이 인버터 회전속도 제어기의 또 하나의 큰 장점이기도 하다.

제어 하한압력에 여유를 둘 필요가 없고, 그 만큼 재기동 설정압력을 낮게 할 수 있다. 스타델타 기동기 등 고정 회전속도 압축기에서는 구동 전동기의 기동 혼잡을 피하기 위하여, 재 기동시에 압축기 본체 토출압력이 대기압 가깝게 까지 강하한다. 이 때, 압축기의 부하 토오크가 전동기 부하 토오크 이하로 될 때까지 기다릴 필요가 있으며, 압축공기 라인압력이 하한으로 될 때, 곧 바로 기동할 수 없는 경우가 있어, 하한 압력에는 여유를 둘 필요가 있다.

6.4 증풍량 특성

인버터 회전 속도제어 압축기의 기능의 하나로 정압 제어기능에 더하여 일정 동력 제어 기능이 있다. 필요 압축공기 라인압력이 낮으면, 인버터 제어 공기압축기의 정압 설정압력을 낮출 수 있다. 이와 같이, 설정압력이 낮으면, 전동기 출력이 저하하는 만큼, 회전속도를 높이고, 항상 전동기 정격출력을 일정하게 유지하도록 회전속도를 제어하면, 저 토출압력 일수록 높은 회전속도로 되며, 토출 공기량을 증가시킬 수 있다.

그림 6.8에는 증풍량 성능에서 발생하는 토출압력과 토출 공기량의 관계를 도시한다. 그림에서 0.69MPa 토출압력인 경우에 비하여, 0.39MPa 토출압력인 경우에 발생하는 25%의 소비전력저하분 25% 회전속도를 증가시켜 25%의 토출공기량을 증가시킬 수 있다.

일정회전 속도기에서 압력을 감압시켜 사용하는 경우에 비하여, 압축기 출력을 낮출 수 있고, 더욱이 일정회전 속도기로부터 대용량이 얻어지기 때문에 저압력 사용자에서는 큰 에너지 절감효과가 얻어진다.

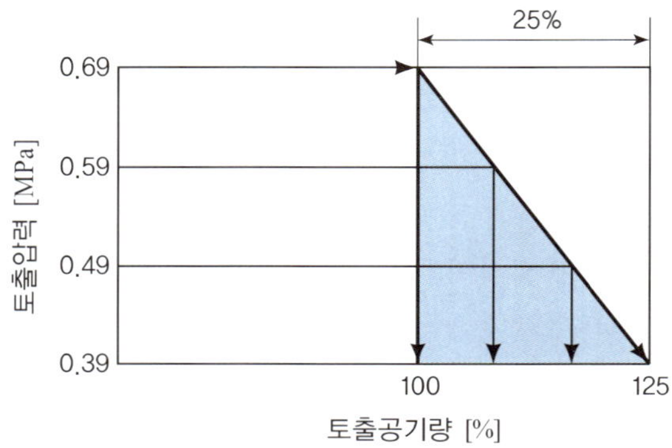

그림 6.8 증풍량 기능에서 발생하는 토출압력과 토출공기량

6.5 압력변동 방식과 소비전력차의 구체적인 예

종래의 소비전력 성능은 100% 전부하시의 비에너지의 량이 작은 것이 필요하였다. 그러나 실제의 압축기의 운전상황에서 소비공기량은 변동한다. 부분 부하시의 소비전력 특성이 우수한 인버터 회전속도 제어기와 종래의 압력변동형 용량제어기의 용량제어 특성차 및 소비전력차를 그림 6.9에 비교한다. 그림으로부터 압력변동형 용량제어에서는 통상 50%부하에서 소비전력 비율이 불과 전부하시의 85% 정도까지 저하할 뿐, 50%부터 100%의 부하변동 범위가 넓은 사용자는 회전속도 제어기를 도입하면 큰 성전력 효과가 얻어진다는 것을 알 수 있다.

40%를 크게 밑도는 부하시간이 많고, 흡입교축 방식의 공기압축기를 사용하는 사용자는 성에너지형의 흡입교축+퍼지 또는 Load/Unload 방식을 도입하면 성전력 효과가 얻어진다.

신규로 공기압축기를 도입하는 경우에는 소비공기량의 변동패턴을 파악하고, 또 공기압축기의 용량변화시 소비전력 저감특성을 충분히 검토한 후에, 어떤 용량제어 방식의 압축기가 유리한지를 검토할 필요가 있다.

구체적인 용량제어 특성차에 의한 연간 소비전력차를 소비공기량이 9.5m^3/min의 경우에 흡입교축방식 등의 압력변동형 용량 제어기와 인버터 회전속도 제어기로 비교해 보자(그림 6.10 참조). 압력변동형의 경우, 일반적으로는 라인압력은 0.59MPa~0.69MPa의 범위에서 0.1MPa의 압력변동을 검출하여 용량제어를 수행한다. 이것에 대하여, 인버터 회전속도 제어기에서는 0.59MPa 일정압력으로 운전이 가능하기 때문에, 6.4절에서 설명한 바와 같이, 압력변동 제어기에 비하여 운전압력을 낮출 수 있다. 이에 따른 소비전력 저감분을 속도로 높여 운전할 수 있으므로, 풍량을 증가시킬 수 있다. 압력변동형에서는 75kW기가 아니라면, 필요공기량을 토출할 수 없는 데 반해, 회전속도 제어기에서는 55kW기로 충당이 가능하다.

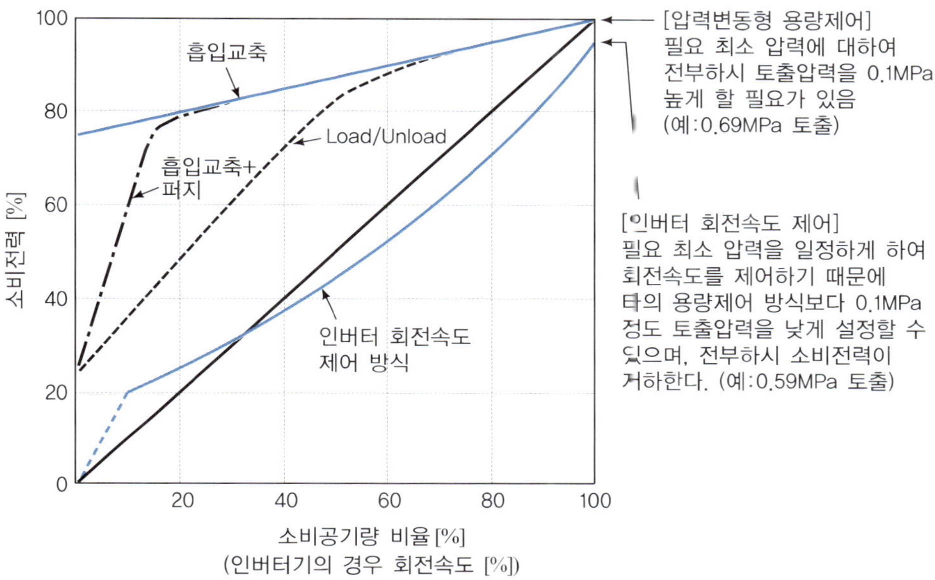

그림 6.9 라인압력 변동 용량제어와 인버터 회전속도 제어의 성전력 성능의 차

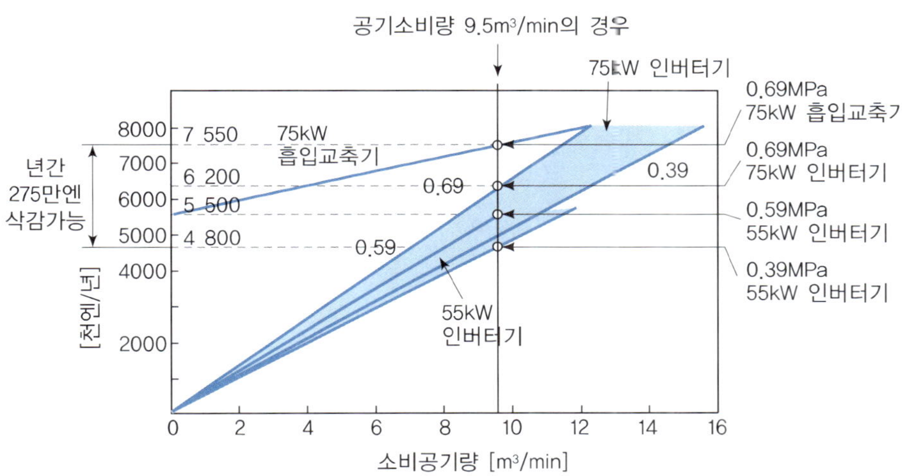

그림 6.10 75kW급 공기압축기의 흡입교축 용량제어기와 인버터 회전속도 제어기의 연간 소비전력의 차

이러한 소비전력차는 연간 8000시간을 운전한다고 할 때, 180원/kW의 경우 2460만원, 더욱이 라인압력을 0.39MPa까지 낮추는 경우에는 3300만원/년의 전력소비의 삭감이 가능해 진다. 연간 전력비를 소비공기량의 패턴으로부터 계산하기 위해서는 공기압축기의 설치를 검토할 때, 소비공기량과 소비전력 특성을 각각 횡축과 종축으로 취하여, 이들 축의 값을 $m^3/(min \cdot kW)$의 절대값으로 나타내어, 투자비용 대비 성전력 효과를 검토해 볼 필요가 있다.

그림 6.11에는 150kW급의 공기압축기의 각 기종에서, 소비공기량과 소비전력 특성을 비교한다. 전부하시의 소비전력 성능뿐만 아니라 중간부하에서 소비전력 특성도 중요하며, 그림으로부터 이들 특성을 잘 파악할 수 있다.

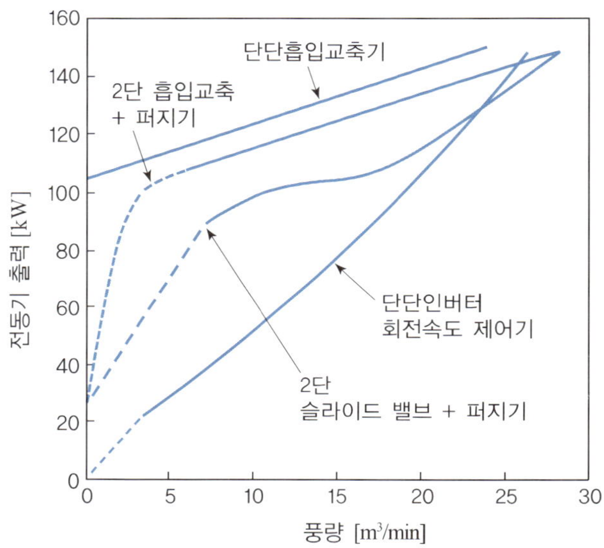

그림 6.11 150kW 급유식 스크류 공기압축기의 용량제어 – 전동기 출력 성능비교

6.6 냉각 휀 모터의 인버터 회전속도 제어

공기압축기 유닛 내부의 냉각 휀은 지금까지 고정 회전수가 일반적이었다. 이들의 필요 냉각휀의 풍량은 주위온도가 높고, 부하가 최대시에 맞추어 선정되기 때문에, 부분 부하시 등에는 불필요하게 휀 전력을 소비하게 된다. 냉각 휀의 소비전력을 압축기의 부하나 냉각조건에 따라 절감할 수 있도록 회전속도 제어식의 냉각 휀을 탑재한 기종도 있다.

냉각 휀 전동기의 회전속도 제어에 의한 동력변화를 그림 6.12에 도시한다. 주위의 온도가 30℃로부터 20℃로 낮아지면, 필요 냉각 풍량이 줄어들어도 되기 때문에, 회전속도는 감소하고, 핸 소비동력을 0.96kW로부터 0.65kW까지 저감시킬 수 있다.

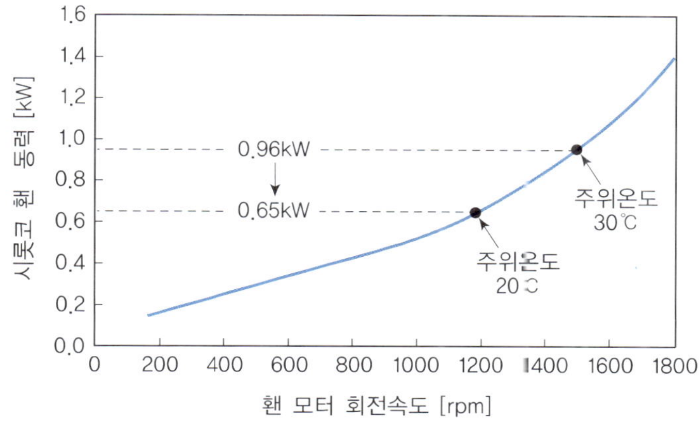

그림 6.12 냉각 시롯코 핸의 회전속도 제어에 따른 소비동력의 변화

CHAPTER

7 압축공기 라인의 정압화와 원압의 저감

7.1 정압화의 과제

공기압축기로부터 압축공기 사용 말단까지를 그림 7.1에 도시한 바와 같은 계통으로 생각해 보자. 사용 말단에서의 필요압력 P_{de}는 조업유지, 제품의 품질, 생산효율 등의 면으로부터, 무리하게 설정압력을 바꿀 수 없으며, 유지·보수의 관점으로부터 압력의 다운방지는 가장 중요한 감시 항목으로 된다. 이 때문에 통상적으로 사용 말단 배관의 상류에 감압밸브를 설치하여, 상류의 압력이 변동하여도 감압밸브 하류의 라인에서 필요압력을 항상 일정하게 유지하도록 한다.

한편, 공장 등에서 성전력화가 필요하므로, 공기압축기의 소비전력 절감을 위하여 가능한 한 압축기 토출압력을 저감하려고 하면 다음과 같은 점들을 고려할 필요가 있다.

7.1.1 압력손실의 파악

공기압축기의 토출압력 P_{de} 하류로부터 다수의 부속기기가 설치되기 때문에, 압축공기 사용말단 압력 P_{de}까지 압력손실에 의하여 압력강하가 발생한다. 말단 압력을 확보하기 위해서는 압력손실분을 미리 예측하여, 압축기 토출압력을 설정할 수 있지만, 압력손실의 파악이 적절치 못하면, 충분한 여유분을 고려하여 압축기 토출압력을 설정한다.

7.1.2 운전상태에 따른 압력손실의 변화

각 부에서 발생하는 압력손실을 실측하여, 압축기의 원압을 저감하는 경우, 압축기의 송출공기량에 따라 압력손실은 크게 달라진다. 연중 압축공기를 최대로 많이 사용하는 시기에 맞추어 압력손실의 측정하는 것이 여의치 못할 경우가 있으므로, 측정부하 상태로부터 추측으로 최대압력 손실을 판단하여야 한다. 그러나 실제의 일상운전에서 발생하는 압력손실의 정량화는 용이하지 않다.

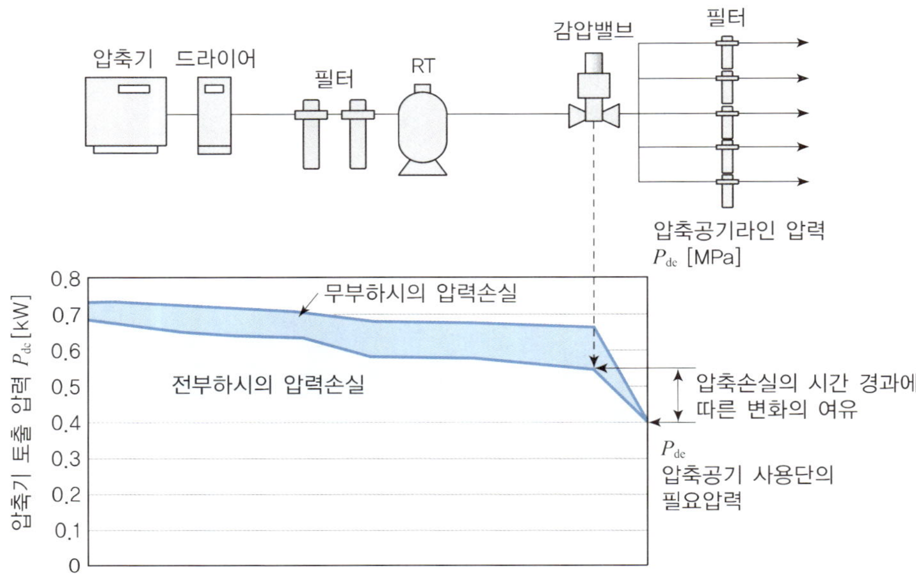

그림 7.1 압축공기 라인의 계통과 압력손실

7.1.3 필터류 등의 부속기기에서 발생하는 압력손실의 사용시간에 따른 변화

공기압축기로부터 압축공기 사용 말단까지에는 라인필터, 미스트필터, 흡착식 드라이어, 경우에 따라서는 활성탄필터, 최종필터 등 운전시간의 경과와 함께 압력손실이 증가하는 기기가 다수 설치된다. 이러한 압력손실에 대해서도, 각 필터의 교환기준으로 되는 차압의 합계 값을 예측하여, 압축기의 원압을 설정하여야 한다.

연중 또는 일중 변동하는 압력손실을 어떻게 저감하는가도 중요한 이슈이긴 하지만, 현재 발생하고 있는 압력손실에 따라 압축기의 설정 원압을 변화시키면 좋겠지만, 빈번히 수동으로 설정변경을 하는 것은 운전상 어렵다.

7.2 인버터 회전속도 제어에 의한 라인압력의 정압화와 원압의 저감

최근 공기압축기의 성전력화의 과제를 해결하는 수단으로서 라인압력 정압조절형 인버터 회전수 제어 공기압축기가 사용되기 시작하고 있다. 그림 7.2에는 인버터 회전속도 제어형 공기압축기에서 발생하는 라인압력의 정압제어 방식을 설명한다.

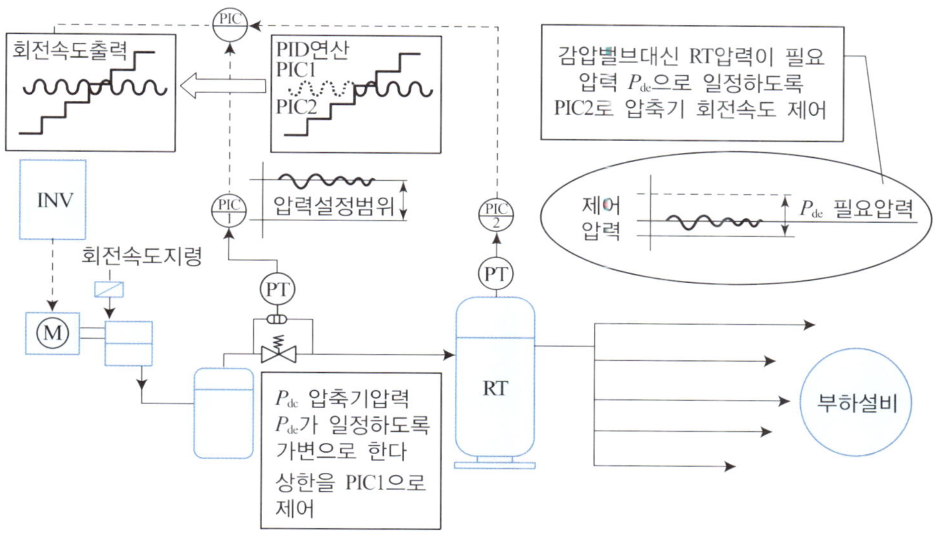

그림 7.2 라인압력 정압제어 · 인버터 회전속도 제어 공기압축기

7.2.1 라인압력의 정압제어

인버터 회전속도 제어형 공기압축기의 최대 특징은 통상 인버터 압축기가 토출압력을 일정하게 하여, 회전속도를 제어하는데 비하여, 라인의 압력이 일정하게 되도록 회전속도를 제어한다는 점이다.

사용 공기량 변화에 의하여 배관의 압력손실이 변동하여도, 또 필터류에서 발생하는 압력손실이 변동하여도, 필요 라인압력을 유지하는 기능을 보유하고 있으므로, 감압밸브의 압력 일정화라는 기능을 압축기가 회전속도 제어로 수행하도록 되어 있다. 통상적으로 공기탱크에 정압제어용 센서가 설치되어, 이 위치에서 압력을 ±0.01MPa 정도의 범위에서 일정하게 유지할 수 있도록 회전속도 제어신호를 인버터에 보내어 제어한다.

7.2.2 공기압축기의 원압 변동

설정라인 압력을 일정하도록 제어하면 압축기 토출 원압은

- 사용공기량의 시간에 따른 변동에 의한 압력손실
- 각 부속기기에서 발생하는 압력손실

의 합계만큼, 라인설정 압력보다도 높아지게 되며, 소비공기량이 적을수록, 또 필터류에서 발생하는 압력손실이 작을수록 공기압축기의 토출 원압은 자동적으로 낮아진다. 따라서 최대 유량시의 압력손실이나 필터류의 사용시간 경과에 따른 압력손실의 변화를 파악하여 압축기의 원압을 설정할 필요가 없다.

흡입교축기 등의 고정회전기 + 감압밸브식의 경우, 전부하시 필터류가 신품인 경우, 압축기 토출압력 P_{de}가 0.68MPa, 라인 도중의 압력손실이 0.13MPa인 경우를 일례로, 그림 7.3에 설명한다. 공기탱크의 압력은 압력손실에 의하여 0.55MPa로 되며, 압축공기 사용말단의 필요 압력을 0.4MPa라고 가정하는 경우, 운전시간 경과에 의한 필터류의 압력손실 증대를 고려하여, 압축기 토출원압을 0.68MPa 정도로 유지시켜 공기탱크 후에 감압밸브를 설치하여, 밸브 2차측의 압력을 0.4MPa로 일정하게 유지, 라인의 공압기기를 운용한다. 부분 부하시는 통과 공기량이 줄어들게 되므로, 배관, 보조기기 등의 압력손실이 증대하여도 오히려 압축기의 토출압력은 약간 상승하여 공기탱크의 압력은 0.65～0.7MPa정도로 되어, 말단 사용압력 0.4MPa과는 더욱 차가 커지게 된다.

이에 대하여, 공기탱크부에 정압유지용 압력센서를 설치하여, 공기탱크의 압력을 0.4MPa 정압으로 유지하도록 인터버 회전속도 제어기의 회전속도를 변화시켜 제어하면, 감압밸브에서 감압할 필요가 없게 되며, 전부하시 압축기 토출압력을 0.53MPa로 운전할 수 있으므로, 고정회전기 + 감압밸브 방식보다도 0.15MPa 정도 압축기의 토출압력을 낮출 수 있다.

부분 부하시는 압력손실이 감소하기 때문에, 0.48MPa 정도로 토출압력을 더욱 낮추어 운전할 수 있다. 따라서 운전시간의 경과에 수반하여, 필터류의 압력손실이 점차 증가여도, 그 만큼, 압축기 토출압력이 자동적으로 상승하여, 공기탱크 압력을 0.4MPa로 유지하게 된다.

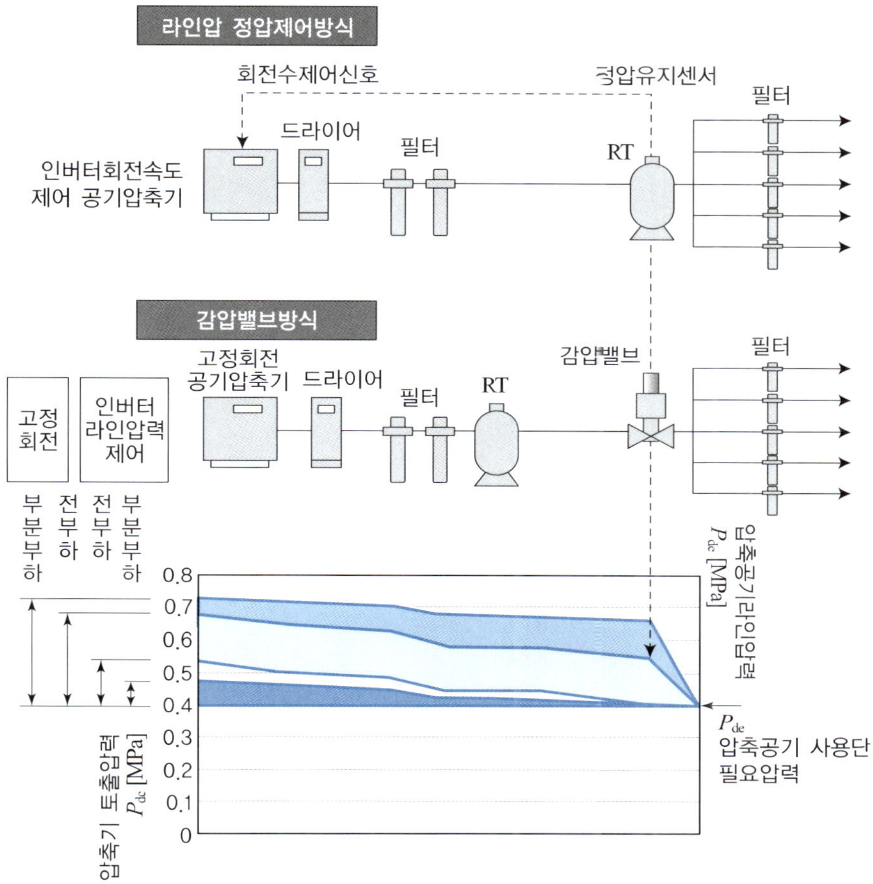

그림 7.3 라인압력 정압제어와 감압밸브 방식의 비교

CHAPTER

8 공기압축기 군의 대수제어

8.1 소비공기량과 필요 대수

공기압축기의 설비를 계획하는 경우, 필요 소비공기량에 대하여 몇 대의 공기압축기가 필요할 것인지? 그리고 몇 kW 출력이 필요한지에 대한 사전 충분한 검토가 필요하지만, 이러한 요구조건에 영향을 미치는 요인들은 매우 많다. 공기압축기 군의 구성을 계획하는데 있어서 다음과 같은 항목들을 종합적으로 검토하여, 압축기의 필요 대수와 출력을 결정한다.

(1) 부하변동 패턴의 파악

- 부하변동에 대응하여 대수제어를 하는 경우, 경지적인 성전력 운전이 가능할 것인지?
- 공기소비 패턴과 대수제어를 연동할 수 있을 것인지?

(2) 이상정지시의 대응

- 만일 1대의 이상정지가 발생하여도 생산에 중대한 손해를 미치지 않는지?

(3) 총 대수의 정기정비 비용의 경제성

(4) 총 설비비

그림 8.1은 대수결정의 일례를 도시한다. 이 경우 야간, 점심시간 등을 포함한 베이스 부하가 20% 정도 되며, 피크부하는 80~100%, 주간 통상운전 부하는 60~80%, 야간은 40~60% 정도이다. 이러한 부하변동에 대하여, 공기압축기 군의 대수제어를 계획하면, 소비공기 변동량 패턴으로부터 5대의 압축기로 1대당 20% 정도의 부하변동에 대응하도록 하는 것이 적절하다. 즉 베이스 부하대응 1대, 야간 운전 대

응 2~3대, 주간운전 대응으로 4대, 주간 피크운전을 위하여 5대가 필요하다.

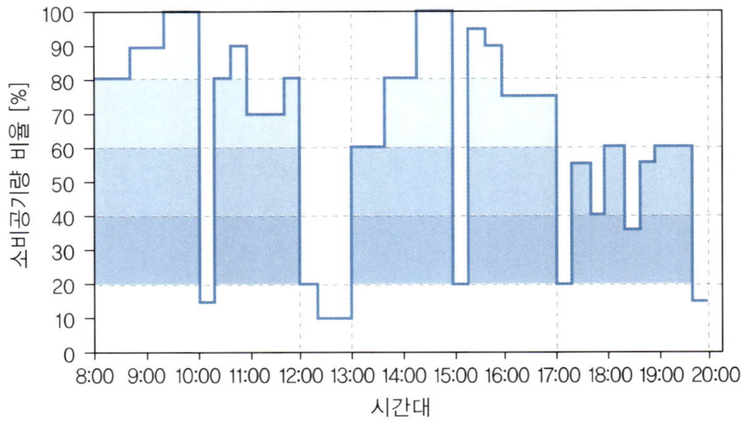

공기소비패턴분석

소비(%)	운전상태	운전시간(%)	정지가능 압축기 대수
100~80	피크	25	0~1
80~60	피크	56	1~2
60~40	변동	75	2~3
40~20	변동	84	3~4
20~0	베이스	100	0

그림 8.1 소비공기량과 압축기 필요대수

8.2 대수제어의 장점

8.2.1 소비전력의 절감

단독으로 각 압축기를 운전하는 경우에 비하여, 복수대의 압축기를 대수 제어한 경우 부하에 따른 필요한 대수만을 운전하고, 다른 압축기들은 정지시켜 둘 수 있으므로, 용량제어 운전이 필요한 압축기는 통상 1대만으로 가능하다. 정지 압축기의 대수가 많아지는 저부하 운전으로 될수록, 성전력의 효과가 증가하게 된다. 구체적인 효과의 일례를 그림 8.2에 도시한다. 37kW 5대의 공기압축기를 대수제어 운전한 경우와 단독 운전하는 경우를 비교하여 보면, 그림의 아래쪽은 5대의 압축기군의 소비공기량 비율을 나타낸 것으로, 부하율 70%의 경우, No3. No.4, No.5호기 3대가

100%부하로 풀가동, No.2호기가 50% 부하가동, 그리고 No.1호기가 정지하고 있다. 그림의 위쪽은 단독 운전시와 대수제어시의 소비전력을 비교한 것으로, 그림의 굵은 실선 내부의 빗금친 부분이 대수제어에 의한 성전력 효과를 나타낸다. 예를 들면, 30% 부하시, 이상적인 소비전력은 당연히 30% 이지만, 단독 운전시에는 79%,

$$79\% = 70\% + (30\%/100\%) \times (100\% - 70\%)$$

대수제어시에는 37%,

$$37\% = 20\% + (20\% + 20\% \times 0.7) / 2$$

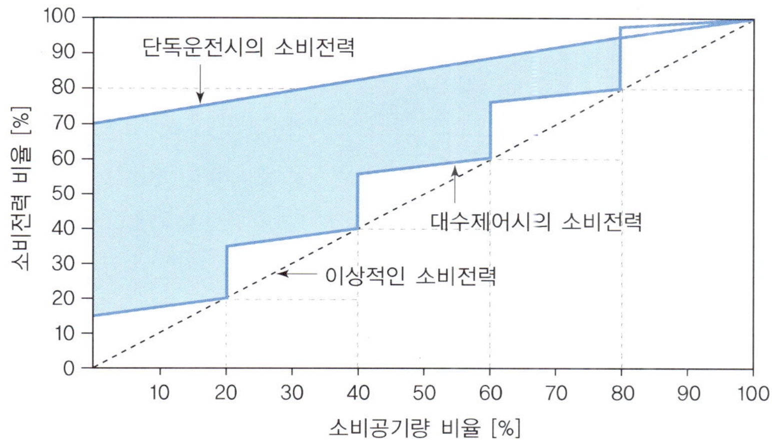

부하율	10%	30%	50%	70%	90%
No.1					
No.2					
No.3					
No.4					
No.5					
5대 대수제어시	37/0.93×0.85 =33.7kW	37/0.93×0.85 +37/0.93 =73.4kW	37/0.93×0.85 +37/0.93×2 =113.1kW	37/0.93×0.85 +37/0.93×3 =152.8kW	37/0.93×0.85 +37/0.93×4 =193.0kW
5대 단독운전시	37/0.93×5 ×0.73 =144.9kW	37/0.93×5 ×0.79 =156.8kW	37/0.93×5 ×0.85 =168.7kW	37/0.93×5 ×0.91 =180.6kW	37/0.93×5 ×0.97 =192.5kW
성전력량	▲111.2kW	▲83.4kW	▲55.6kW	▲27.8kW	▲0.5kW

주) 각 부하율에서는 용량조정기는 부하율이 50%이므로, 소비전력비율은 (100+70)/2=85%

그림 8.2 대수제어에 의한 성전력 효과(37kW 압축기 5대, 전동기 효율 93%의 예)

를 나타내고 있으며, 이들 값의 차가 성전력 효과로 된다. 구체적인 성전력량의 계산결과를 그림의 아래 부분에 나타낸다. 또 대수제어는 공기탱크의 압력에 대하여 제어되므로, 자동정지압력(상한압력)과 추기동압력(하한압력)의 차를 적정하게 취하도록 하면, 평균 운전압력을 단독 운전시보다 낮게 취할 수 있어 효과적이다.

8.2.2 압축공기의 안정공급

복수대의 공기압축기를 사용하는 경우에는 효율적으로 자동제어 할 수 있으므로, 필요한 공기량을 적정압력으로 안정적으로 공급할 수 있다. 가동기의 이상정지 등의 예측하지 못한 트러블이 발생하는 경우에는 정지기가 자동 기동하여, 단독 운전시와 같은 예비기의 긴급기동이 불필요하게 된다.

8.2.3 운전보수의 용이성

기동과 정기작업이 자동으로 수행된다면, 불필요한 운전이 줄어들게 되므로, 각 압축기의 운전시간이 줄어들게 된다. 이것은 결과적으로 보수정비비의 저감으로 이어지게 된다. 또 각 압축기의 운전시간의 평균화에도 도움이 될 뿐만 아니라 압축기의 유지보수 계획을 수립하는데도 도움이 될 수 있다.

8.3 대수제어 장치의 특징과 성전력 성능

대수제어 운전에 비하여, 종래의 흡입 교축기를 각각 단독으로 운전하고, 총소비 공기량의 변동이 큰 경우, 소비전력량의 손실은 매우 크다. 더욱이 라인의 압력이 관리 필요압력을 넘게 되면, 용량부족으로 판단하여, 기설기와 동형의 압축기를 증설하는 사례도 많이 있다. 이와 같은 경우에서는 대수제어에 의한 성전력 효과는 매우 클 것이다.

공기압축기를 복수대 자동운전 및 관리하는 일반적인 제어방법으로서는 압축 공기라인의 본 관로나 공기탱크에 설치한 압력스위치, 압력센서 등에 의하여 각 공기압축기가 압력저하에 따라 순차적으로 추기동하고, 압력이 상승함에 따라 순차적으로 정지하는 방식이 주류를 이룬다.

8.3.1 Circle 대수제어

Circle 대수제어는 비교적 압축기 토출용량이 비슷한 압축기 군을 제어하는데 적합한 제어방식이다. 그림 8.3에는 Circle 대수제어의 개요를 설명한다. 대수제어를 수행하고 있는 압축기 중에서 운전시간이 긴 것(선발기)으로부터 순차적으로 정지시켜, 정지시간이 긴 것으로 재기동시키면, 각 압축기의 운전시간의 균일화를 얻을 수 있다. 이러한 제어 방법은 다음의 두 가지 방법이 있다.

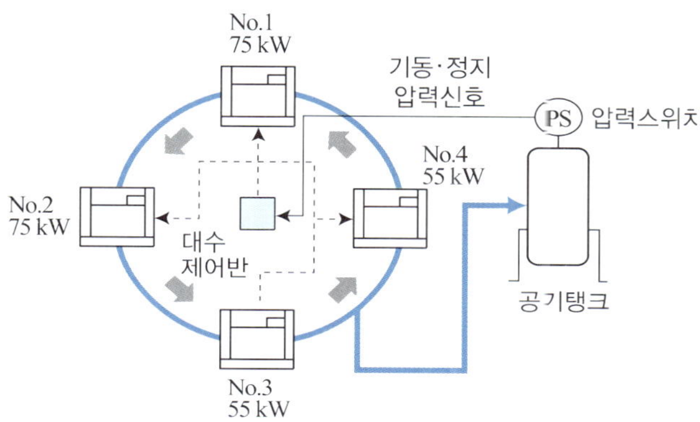

그림 8.3 Circle 대수제어

(1) 용량조정기 + 전부하 고정운전방식

이 방식은 부하변동에 대응하기 위해서 선발기만의 용량조정을 수행하며, 타의 후발기는 100% 부하(풀부하)로 운전을 하기 때문에 효율이 비교적 좋다. 압축기의 용량조정 압력을 상한압력(PHH)와 하한압력(PLL) 사이에서 조정하면, 상한압력에 도달한 때, 선발기는 용량 0%의 Unload 정지, 선발기 다음으로 운전되는 압축기가 선발기로 된다. 하한 압력에 도달한 때에는 압축기 가동대수가 부족하다고 판단하여, 선발기 다음으로 운전되는 압축기를 풀로드(100% 부하)로 하여 기동시키며, 안정된 압력을 유지하게 되는 필요 대수만을 운전시키는 최적제어가 가능해 진다.

그림 8.4의 예에서는 No.4가 선발 운전되어 하한압력에 도달하기 때문에, No.1이 전부하로 기동, 다음으로 소비공기량이 감소하여, No.4가 정지, 그리고 No.1이 용량조정운전으로 된다. 다시 소비공기량이 증가하여, 하한압력으로 되면, No.2와 No.3가 전부하 기동한다. 그 후, 압력이 상승하여 상한압력이 되면, No.1이 정지, No.2가 용량조정으로 바뀌게 되는 상황을 나타내고 있다.

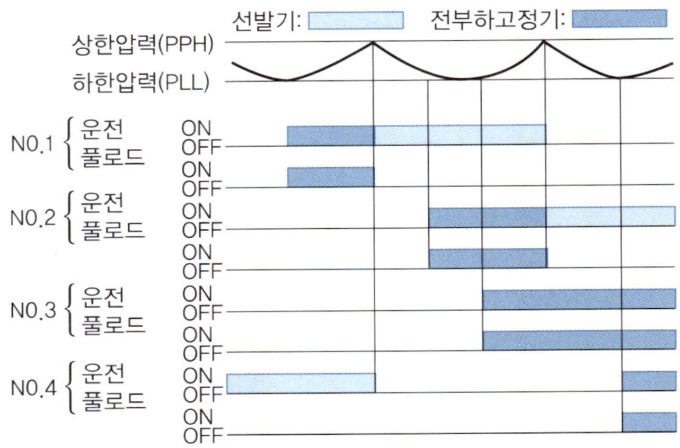

그림 8.4 Circle 제어의 선발운전, 전부하 고정운전 패턴

이러한 방식은 부하변동에 대응하는 1대 만을 용량제어 운전 상태로 하며, 다른 복수대의 압축기를 전부하 상태로 고정하여 운전한다. 용량 제어기가 1대 뿐이고, 다른 압축기는 전부하 운전으로 되기 때문에, 성전력 성능이 좋다. 공기탱크에서 압력 신호 검출위치와 압축기 유닛 사이에서 발생하는 압력손실을 잘 파악하여 자동 기동/정지 압력을 설정하여야 한다. 이 경우 압력손실이 예상 이외로 크게 되면, 전부하 고정기의 전동기가 과부하 상태로 될 수 있으므로 주의가 필요하다.

(2) 용량조정기 + 무부하 고정운전 + 전부하 고정운전방식

용량 조정기 이외에 무부하 고정 운전기를 일정시간 0% 무부하로 강제 고정하여 운전하는 방식이다. 무부하 운전 상태에서 대기하고 있는 압축기의 전부하 운전으로의 이행은 정지기를 기동시켜, 압축공기를 공급하는 경우보다도 신속히 수행할 수 있기 때문에 급격한 소비공기량의 증가에 대응하기가 용이하다. 자동 기동/정지는 무부하 고정운전이 일정시간 지속된 후, 정지하기 때문에 무부하 고정운전 시간 동안 사용한 소비전력은 불필요한 전력으로 된다.

8.3.2 공기 유량제어형 Step 대수제어

공기탱크의 압력변동을 검출하여 복수대의 공기압축기를 대수 제어하는 방식을 채용하려고 하면, 다른 용량을 가지는 압축기를 복수대 사용하는 경우와 라인의 압력손실이 다른 경우로 구분하는 것이 편리하다. 이 경우, 지나치게 큰 용량의 압축기가 운전되는 전력 손실이나 Batch 처리 등의 급격한 소비공기량의 변동에 따른 압력손실, 제어의 불안정성 등의 좋지 않은 상황들이 발생할 수 있다.

이러한 압력변동 만으로 제어가 곤란한 경우에는 각 압축기로부터 토출하는 공기량을 연산하여, 변동하는 총 소비공기량을 기초로, Step 제어를 수행하는 방식이 채용된다. 그림 8.5는 이러한 용량제어형 Step 대수제어의 개요를 설명한다. 이 방법은 운전하는 압축기의 조합에 의한 공기공급 가능량 패턴을 미리 Step화하여, 소비공기량에 따라 Step을 자동 선택하는 방식이다.

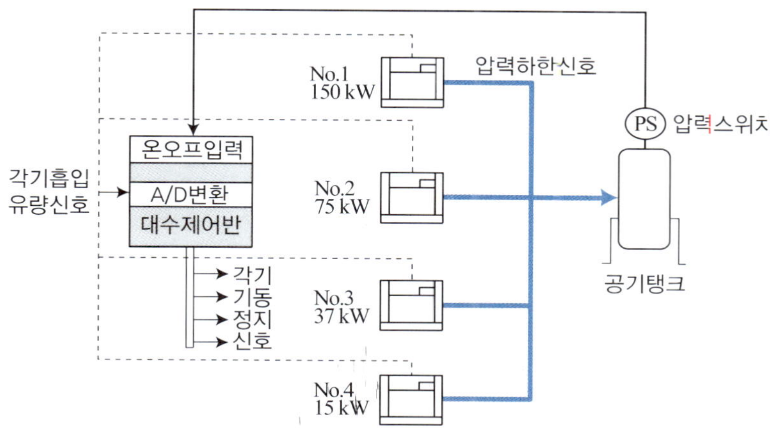

그림 8.5 유량 신호 제어형 Step 대수제어

전체의 패턴으로부터 소비전력 성능이 나쁜 조합 패턴은 Step으로부터 없앤다. 표 8.1은 Step 대수제어의 일례를 나타낸다. 이 예에서는 출력이 다른 각 공기압축기의 조합 패턴을 결정하여, 소비공기량에 따라 15kW로부터 277kW까지 정하여, 상세하게 제어할 수 있다. 소비공기량의 변동 폭이 크고, 공기압축기 설치 장소가 많이 떨어져 있는 경우나, 공기압축기의 기종이나 출력이 각각 크게 다른 경우에 유효하게 채용할 수 있다.

(1) 정지신호

각 압축기에 흡입유량 신호센서를 설치하여, 콘트롤러에서 총소비공기량을 연산하여, 현재보다 소비전력이 적은 조합패턴으로 충당할 수 있는 풍량으로 판단하면, Step를 낮추도록 정지신호를 송출한다. 스크류 공기압축기에서는 흡입 압력센서 신호와 Unload신호를 사용하여, 각 압축기의 흡입 공기량을 연산한다.

(2) 기동신호

공기탱크의 압력이 설정한 압력으로 되면, 공급 공기량을 증가시킬 작정으로 Step을 대 유량측으로 올리는 기동신호가 출력된다. 이러한 공기유량 제어형 Step

대수제어는 유량변동에 따른 압력 손실차에 기인하는 트러블이 발생하기 어려우며, 다른 용량의 압축기 대수제어로서 성전력 성능이 우수하고, 제어 압력변동 폭을 작게 할 수 있는 장점이 있다. 한편, 현지에서의 가동 상황에 맞추어 제어 소프트웨어의 조정이 필요하게 되며, 초기 인건비의 증대, 유량센서를 포함한 설치비용까지 합치면 비용이 크게 되는 단점이 있다.

표 8.1 패턴 대수제어의 예

형 식	호기	15 kW	52 kW	75 kW	90 kW	112 kW	127 kW	150 kW	165 kW	187 kW	225 kW	240 kW	277 kW
스크류	150kW							●	●	●	●	●	●
왕복동	75kW			●	●	●	●				●	●	●
스크류	37kW		●			●	●			●			●
스크류	15kW	●	●		●		●		●			●	●

8.4 대수제어와 회전속도 제어기 조합에 의한 성전력

최근 중형 공기압축기에서 인버터 회전속도 제어기가 일반적으로 채용되고 있으며, 대수제어 방식에도 큰 변화가 발생하고 있다. 이것은 인버터 회전속도 제어기의 채용에 의하여, 라인압력의 정압제어가 가능하므로 운전압력을 저감할 수 있고, 부분 부하시의 성전력 특성이 우수한 장점이 공기압축기 군의 대수제어에 더해진다는 것을 인식하고 있기 때문이다.

대수제어와 인버터에 의한 회전속도 제어의 조합에서, 용량제어는 인버터 회전속도 제어기 만으로 수행하며, 다른 압축기는 100% 전부하 운전, 그리고 정지 상태에서의 대수제어로 되기 때문에, 부분 부하시의 소비전력 저감특성이 우수하지 못한 구식 흡입교축 공기압축기를 포함하는 대수제어에 특히 큰 이점이 발생하게 된다. 그림 8.6은 본 제어방식의 기구를 도시한다.

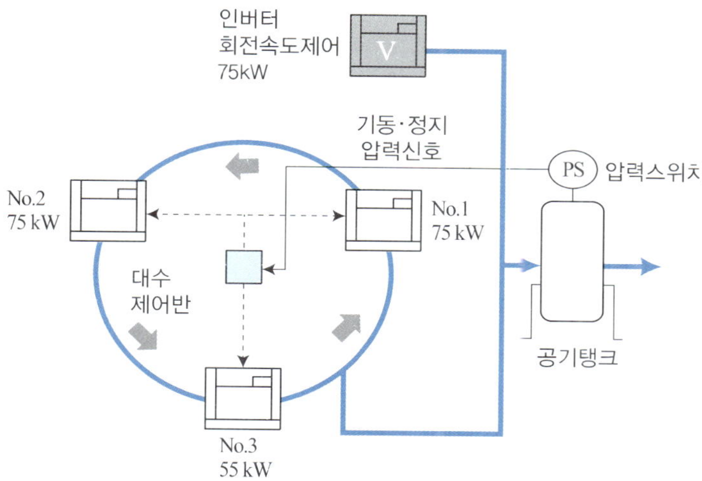

그림 8.6 인버터 회전속도 제어기 + Circle 대수제어

인버터 회전속도 제어기의 정압 제어신호를 대수제어의 압력신호와 같은 장소의 공기탱크로부터 취하게 되면, 공기탱크와 압축기 간의 압력손실을 고려할 필요가 없으며(제 7장 참조), 더욱이 압축기 군 전체의 원압을 저감할 수 있다.

8.5 각 대수제어 방법에서의 성전력 성능비교

공기압축기 군의 운전 상태는 다음과 같이 분류할 수 있다.

- 대수제어를 수행하지 않고, 복수대의 압축기를 단독으로 운전하는 경우
- Circle 대수제어로 운전하는 경우
- 인버터 회전속도 제어 압축기 + Circle 대수제어로 운전하는 경우

각 소비공기량의 변화에 따른 소비전력 변화특성을 그림 8.7에 비교한다. [대수제어반에 의한 Circle 제어 + 인버터 회전속도 제어기]가 거의 이상적인 소비전력 특성에 가깝게 되며, [대수제어반이 없는 경우]의 단독 운전시 소비전력량의 크기에 비하여 현저하게 성전력으로 되는 것이 주목할 만하다.

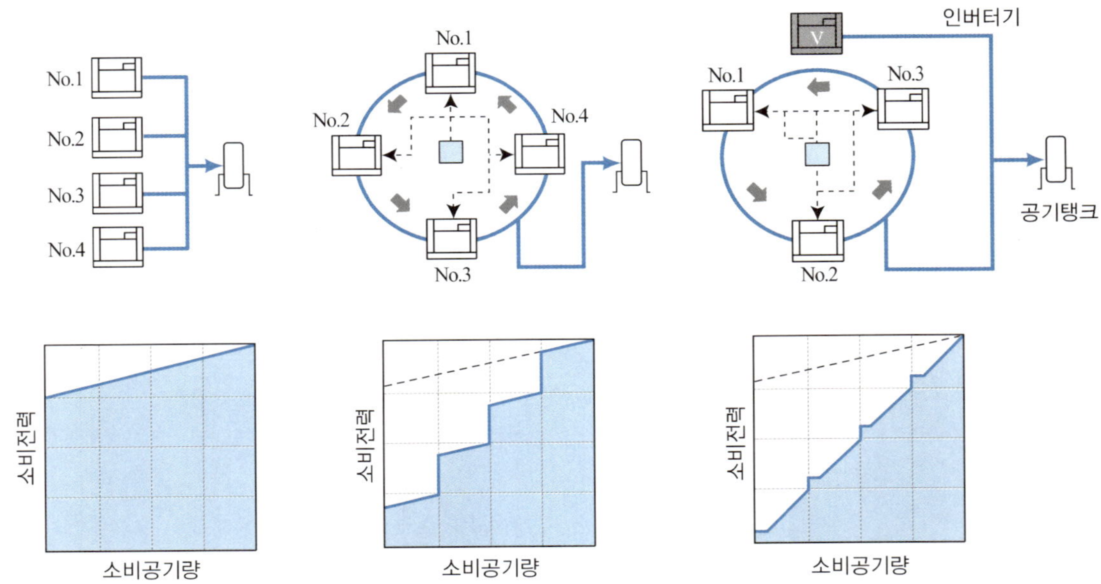

(a) 대수제어반이 없는 경우 (b) 대수제어반에 의한 Circle제어 (c) 대수제어반에 의한 Circle 제어 + 인버터 회전수 제어기

그림 8.7 대수제어 방식에 따른 소비전력 저감특성 비교

CHAPTER

9 압축공기의 소비량 · 압력과 품질의 선정

효과적인 성에너지 계획을 압축공기 시스템 전체로 달성하기 위해서는 최대로 얼마 만큼의 공기량이 필요한지, 그의 변동 패턴과 비율, 필요압력, 필요한 압축공기의 품질을 파악하는 것이 매우 중요하다.

9.1 소비공기량 계획

9.1.1 공기 Blow 계

이전의 제 3장에서 기술한 바와 같이, 압축공기의 사용법은 주로 Blow 계와 공기 Cylinder 계로 나눌 수 있지만, 공장, 사업소에서 소비비율은 Blow 계가 상당이 많다. 일반적으로 공기 Blow 계의 용도는 분체수송, 액정 제조라인에서 Air Knife, 진공 이젝터, 이물질제거, 냉각, 혼합 등 매우 다양하지만, 소비공기량 계획은 얼마나 적은 량으로 할 수 있는지?, 대상물에 대하여 어느 정도 시간을 적용하는지? 검토하여야 하며, Blow 노즐은 어디에 몇 개 설치하는지? Blow 작업시간은 얼마만큼 필요한지? 그 작동 시간대를 어떻게 설정하는지? 등을 면밀히 분석하여, 계획하는 것이 기본이다.

노즐로부터 대기로 공기 Blow하여 소비되는 공기량 Q는 다음의 식으로 구해진다.

- $P_0 \geq 0.1\text{MPa}$의 경우

$$Q = 120 \times S \times (P_0 + 0.1) \times \sqrt{\frac{293}{\mathrm{T}_0 - 273}} \qquad (9.1)$$
$$= 85 \times d^2 \times (P_0 + 0.1)$$

- $P_0 < 0.1\mathrm{MPa}$의 경우

$$Q = 75.9 \times S \times \sqrt{P_0} \times \sqrt{\frac{293}{T_0 + 273}} \\ = 54 \times d^2 \times \sqrt{P_0} \tag{9.2}$$

여기에서,

- Q : Blow 유량(체적유량) [$\mathrm{dm^3/min(ANR)}$]
- S : 노즐단면적 [$\mathrm{mm^2}$]
- P_0 : 노즐 일차 측의 절대압력 [MPa]
- T_0 : 노즐 일차 측의 공기온도 [℃]

그림 9.1에는 공기 Blow의 목적별 용도를 도시하였으며, 또 노즐 경, 노즐 직전의 압력과 공기유량의 계산결과를 그림 9.2에 나타낸다.

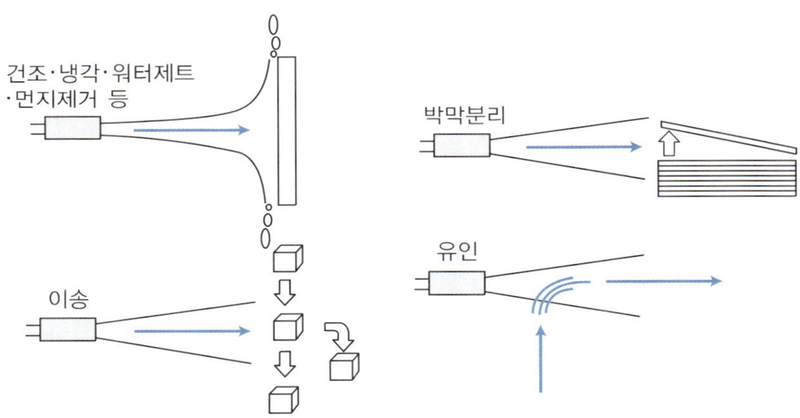

그림 9.1 공기 Blow의 용도

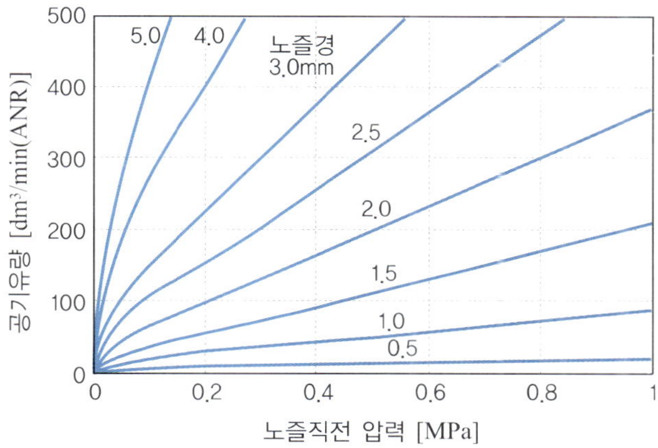

그림 9.2 공기 Blow의 유량

9.1.2 공기 Cylinder 계

공기 Blow 계의 기기는 압축공기가 대기로 분사되는 제트류에 의하여 일을 수행하는데 반해, 공기 Cylinder 계는 압축공기가 밀폐된 실린더 내의 피스톤을 왕복 운동시키는 것에 의하여 기계적인 일을 수행하게 된다. 공장, 사업소 등에서는 공기 Blow 계와 마찬가지로 공기 Cylinder 계가 다양하게 사용된다.

(1) 공기 Cylinder 계의 소비공기량

대부분의 실린더는 실린더 내로 유입하는 압축공기에 의하여 피스톤을 가동시켜 얻어지는 기계적인 출력을 얻는다. 소비공기량은 간헐적으로 충진되는 압축공기의 배출량의 합계이며, 그림 9.3은 실린더 및 구동배관에서 발생하는 공기소비의 양상을 보여준다.

실린더의 소비 공기량 Q_s는 다음의 식으로 주어진다.

$$Q_a = (A_1 + A_2) \times L \times 10^{-6} \times \left(\frac{P_0 + 0.1}{0.1} \right) \times \frac{293}{273 + T_0} \qquad (9.3)$$

$$A_1 + A_2 = \frac{\pi}{4} \times D^2 L \times \left\{ 2 - \left(\frac{d}{D} \right)^2 \right\}$$

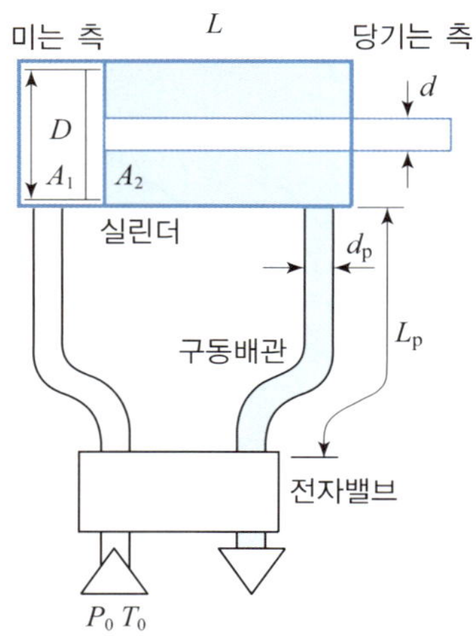

그림 9.3 공기 실린더 및 구동배관의 공기소비

여기에서,

Q_s : 복동 편로드 실린더의 1왕복당 소비공기량 [dm^3/min(ANR)/왕복]

A_1 : 미는 측의 피스톤 수압면적 [mm^2]

A_2: 당기는 측의 피스톤의 수압면적 [mm^2]

L : 스트로크 [mm]

P_0 : 구동공기압력 [MPa]

T_0 : 구동공기온도 [℃]

D : 실린더 내경 [mm]

d : 피스톤 로드경 [mm]

(2) 실린더 구동배관의 소비공기량

그림 9.3의 전자밸브와 실린더를 연결하는 배관에 충진된 압축공기도, 1왕복하면 그때 마다 대기로 배출된다. 이 경우 배관의 소비공기량 Q_p는 다음의 식으로 주어진다.

$$Q_p = 1.57 \times 10^{-3} \times d_p^{\ 2} L_p \times \frac{P_0}{0.1} \times \frac{P_0}{273 + T_0} \tag{9.4}$$

여기에서,

Q_p : 구동배관의 소비공기량 [dm^3/min(ANR)/왕복]

d_p : 배관내경 [mm]

L_p : 2개의 배관 길이의 합 [mm]

(3) 공기 Cylinder 전체 소비공기량 계산

1분당 소비공기량은 실린더 소비공기량 Q_s와 배관의 소비공기량 Q_p의 합계에 1분당 왕복횟수 N을 곱하여 얻어진다.

$$Q = (Q_a + Q_p) \times N \tag{9.5}$$

9.1.3 누설공기량

실제로 압축공기가 다소 누설되어도 작업환경에는 큰 영향을 미치지 않고, 또 누설은 주로 누설에 수반되는 음으로 알 수 있으므로 자주 간과하기 쉽다. 그러나 조사의 결과에 의하면, 공장, 사업소 등에서 발생하는 누설공기량은 전체 소비량의 10~20% 정도로 상당히 많다. 따라서 누설량을 무시할 수 없으며, 이러한 누설공기량의 저감은 시스템의 운용비용을 절감하는 차원에서 매우 중요한 기술적 과제이다.

일반적으로 누설공기량은 누설 단면적 S와 누설 구멍 직전의 압력 P_0, 온도 T_0가 알려지면 식 (9.1)과 식(9.2)에 의하여 계산할 수 있다. 그림 9.2는 누설구멍 직전의 압력을 변수로 하여 횡축에 누설구멍의 직경을 나타내며, 이 그림으로부터 누설 공기량을 용이하게 얻을 수 있다.

9.2 소비공기량의 변동패턴

장치 전체의 소비공기량은 동작의 시간선도에 의하여, 전체 공기 Blow 노즐, 공기 Cylinder에 대하여 계산한다. 동작의 시간선도(Time Chart)를 분석하지 않고, 단순히 총합으로 필요공기량을 계산하면, 과대한 공기량으로 될 수 있으며, 공기압축기의 과대한 설비투자로 이어질 수 있으므로, 세심한 주의가 필요하다. 누설 공기량은 삭감후의 설정량을 소비공기량의 총합에 반영한다. 계산에서는 공기 Cylinder 제조사에서 권장하는 계산 프로그램을 사용하는 것이 편리할 때가 있다.

이러한 시간대별 소비공기량을 근거로, 소비공기량의 변동량과 그의 기간비율을 고려하여 기설 공기압축기의 성전력화 계획을 수립하고, 신설 공기압축기의 용량, 형식, 대수 등을 계획한다. 그림 9.4의 예를 보면, 각 라인에서의 공기압축기의 Blow 노즐, 공기 Cylinder의 동작 시간선도를 합성하여, 공장 전체의 공기 소비패턴을 파악한다. 설치하는 압축기의 용량선정은 피크시의 소비공기량에 따라 행한다.

각 라인에서 공압기기의 Blow 노즐, 공기실린더의 동작시간선도를 합성하여 피크부하, 중간부하, 베이스부하의 시간비율을 계산한다.

- 피크소비량을 설정한다.
- 피크소비의 시간대를 특정한다.
- 베이스부하를 설정한다.

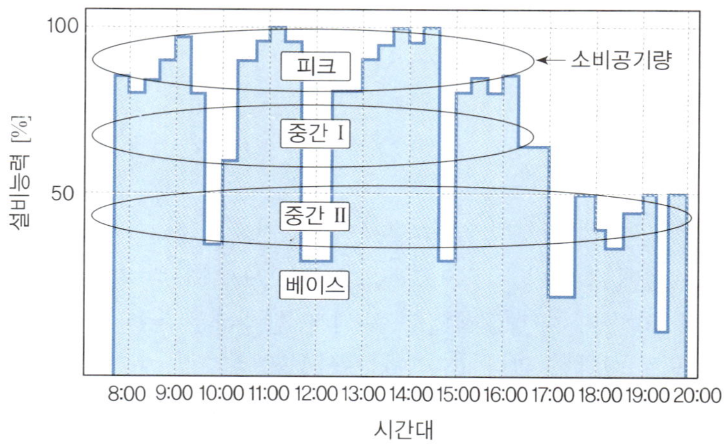

그림 9.4 소비공기량의 시간선도

다음으로 부하변동의 패턴을 보면, 베이스 부하시에 시간대별 피크, 약간 큰 중간부하, 약간 작은 부하가 있다는 것을 알 수 있다. 먼저 부하변동 폭이 크고, 변동횟수도 많은 곳으로부터 대용량 흡입교축 용량제어의 스크류 공기압축기, 혹은 터보형 공기압축기 1대로 전체 소비공기량을 충당하는 계획을 수립해서는 아니 된다. 이것은 제 5장에서 설명한 바와 같이, 불필요한 전력소비를 초래하기 때문이다. 1대로 전체 소비공기량을 충당하여야 하는 경우에는 회전속도 제어 범위가 넓은 인버터 회전속도 제어기를 선정할 필요가 있다. 이 예에서는 부하 패턴을 4가지 내지 5가지 패턴으로 보고, 4~5대의 공기압축기에 의한 대수제어가 적절할 것으로 판단할 수 있다.

또 8장에서 설명한 바와 같이, 인버터 회전속도 제어기를 1대 도입하면, 더욱 성전력 성능이 좋아진다. 전체 소비공기량이 적은 경우에는 대수를 줄여, 소용량의 회전속도 제어기 2대로 변동에 대응하도록 하면 우수한 성전력 성능을 얻을 수 있다.

9.3 압축공기의 필요 품질

일반적으로 대기 중에는 수증기, 고형입자, 오일미스트, SO_x, NO_x 등의 가스, 공작기계의 절삭액 미스트 등 다양한 물질이 포함되어 있다. 공기압축기의 대기 흡입구에 설치되는 흡입필터는 통상적으로 10μm 정도의 여과도로, 이들 물질의 상당량은 압축기로 유입하게 된다. 따라서 용도에 적합한 압축공기를 생산하기 위해서는 고형입자, 습도, 수분, 오일미스트, 오일증기 등을 각 용도에 필요한 레벨까지 제거하여야 한다.

압축공기를 오염시키는 물질의 종류와 량에 따라 청정등급이 JIS B8392-1:2003에서 규정하고 있다. 압축공기 중의 고형입자, 물, 오일은 상호 영향을 미치게 되어 큰 입자로 성장하거나, 또는 에멀죤화하여 배관 내에서 침전, 고착화하여 부식의 원인으로 되기도 한다.

9.3.1 오일

압축 공기 중의 오일은 액상, 에어졸, 증기 중에 어떤 상태로 존재하며, 청정등급은 이들을 합친 오일 총 농도로 규정한다. 급유식 공기압축기의 압축공기 중 유분량은 생산된 압축기의 연차, 모델의 신구 및 형식에 따라 달라지지만, 증기성분을 제외하고 2~10ppm 정도 포함된다. 오일 프리식이라고 하더라도 흡입하는 공기 중에 0.5ppm 정도 유분을 포함하기 때문에 압축공기의 용도에 따라서는 급유식/오일 프리식의 구별 없이 용도에 의하여 오일제거 필터를 설치하여야 한다. 표 9.1는 오일의 등급을 요약한다.

표 9.1 압축공기 주의 오일 등급

등급	오일 총 농도(액상오일, 에어졸 및 증기)[mg/m³]
0	등급 1 보다 엄격한 조건으로, 사용자에 의하여 결정
1	≦0.01
2	≦0.1
3	≦1
4	≦5

9.3.2 습도 · 수분

공기압축기에 흡입되는 대기는 압축 중에 온도가 상승하고, 통상 후냉각기에서 대기 온도 +15℃ 정도까지 냉각되므로, 압축공기중의 수증기는 포화상태로 되며, 상대습도 100%의 상태로 토출된다. 또 배관 도중에서 발생하는 온도강하에 의한 응축, 대기로의 팽창시 수분 응축을 방지하기 위해서, 각종 드라이어에서 필요 습도까지 저감하여 사용한다. 표 9.2는 습도의 등급을, 그리고 표 9.3은 수분의 등급을 요약한다.

표 9.2 습도의 등급

등급	압력노점[℃]
0	등급 1 보다 엄격한 조건으로, 사용자에 의하여 결정
1	≦−70
2	≦−40
3	≦−20
4	≦+3
5	≦+7
6	≦+10

(주) 압력노점은 절대압력 0.8MPa에 상응하는 값을 나타낸다

표 9.3 수분의 등급

등급	수분농도 C_w [g/m^3]
7	$C_W \leqq 0.5$
8	$0.5 < C_W \leqq 5$
9	$5 < C_W \leqq 10$

9.3.3 고형입자

고형입자는 그들의 크기, 종류, 경도 등에 따라서 공기압축기에 다른 영향을 미칠 수 있다. 흡입 필터로부터 공기 중의 3~10μm 이상의 고형입자는 제거되며, 오일필터에 의하여 윤활유중 3~10μm 이상의 고형입자도 제거된다. 토출 공기 중의 고형입자는 요구되는 압축공기의 품질등급에 따라 필터에 의해 제거된다. 압축공기의 오염 고형입자와 청정등급을 표 9.4에 나타낸다.

표 9.4 압축공기의 오염 고체입자와 청정등급

등급	표준대기상태에서 $1m^3$당 최대 입자수				입경 [μm]	농도 [mg/m^3]
	입경 d[μm]					
	≦0.10	0.10 < d≦0.5	0.5 < d≦1.0	1.0 < d≦5.0		
0	등급 1 보다 엄격한 조건으로, 사용자에 의하여 결정				적용 외	적용 외
1	규정 무	100	1	0		
2	규정 무	100,000	1,000	10		
3	규정 무	규정 무	10,000	500		
4	규정 무	규정 무	규정 무	1,000		
5	규정 무	규정 무	규정 무	20,000		
6	적용 외				≦ 5	≦ 5
7	적용 외				≦ 40	≦ 10

표준상태

공기온도	20℃
공기압력	절대압 0.1MPa
상대 수증기압	0MPa

9.3.4 용도별 압축공기의 품질등급

다양한 용도로 사용되는 압축공기의 청정등급을 오염 물질별로 권장기준으로 규정한 것으로, PNEUROP(유럽공기압공업회, European Committee of Manufacturers of Compressors Vacuum Pumps and Pneumatic Tools) 규정이 있다. 이 PNEUROP은 그의 이름대로 유럽의 압축기, 진공펌프, 공압 공구 제조사들의 모임으로, 각 위원회의 기준은 ISO기준을 근거로 하고 있는 경우가 대부분이다. 국제적으로 잘 알려진 것은 압축공기의 품질에 관한 것과 압축기의 소음레벨의 규정에 관한 것이 있으며, 표 9.5에 이들을 요약한다.

표 9.5 압축공기의 용도별 품질 권장기준

용 도	대표적 품질등급		
	유분	고형물	습도
공기교반	3	5	3
공기베어링	2	2	3
공기마이크로미터	2	3	3
공기모터	4	4~1	5
벽돌, 유리기계	4	4	5
기계부품청소	4	4	4
건설공사	4	5	5
공기수송(입자상태)	3	4	3
분체수송	2	3	2
유체소자(동력회로)	4	4	4
유체소자(센서)	2	2~1	2
주조기계	4	4	5
식품, 음료처리	2	3	1
수작업 공압기구	4	5~4	5~4
기계공구	4	3	5
광산	4	5	5
전자부품제조	1	1	1
화물 및 섬유기계	4	3	3
사진용 필름처리	1	1	1
공압 실린더	4	4	4
공압 공구	4	4	4
공정제어기기	2	2	3
도장	3	3	3
샌드블라스트	–	3	3
용접기계	4	4	5
공장 일반 공기	4	4	5

9.3.5 건조 오일 프리 압축공기와 오존

공기 중의 오존 농도 허용기준은 세계 여러 나라에서 0.1ppm 이하로 규정하는 것이 보편적이다. 통상적인 환경이라면, 오존 농도는 0.03ppm 이하이지만, 자외선램프, 용접기 등의 방전이나 빛에너지가 많은 기기가 설치되어 있는 환경에서는 0.1ppm까지 되는 경우가 많다.

공기압축기에 흡입되는 오존은 급유식 공기압축기와 같이, 압축 후의 배관내 유분과 수분이 많은 경우, 급속하게 농도가 감소하게 된다. 한편, 드라이 오일 프리기기의 경우에는 노점이 낮은 건조한 공기인 경우가 많고, 오존 농도의 감소가 그다지 크지 않아, 공압기기의 패킹, O링 등의 고무 부품을 조기 열화시킬 수 있다. 이러한 고무재의 오존 열화대책으로서 사용하는 공압 기기의 패킹재, O링에는 일반적인 NBR은 사용하지 않고, 고정 실링 부에는 수소를 첨가한 NBR의 이중 결합부를 절단한 H-NBR이나 불소고무를 채용하며, 팽창 등으로 섭동저항이 변화해서는 안 되는 섭동부에서의 용도로는 불소고무의 채용을 권장한다.

CHAPTER

10 압축공기 시스템의 전체 계획

10.1 공장 설비기기의 계획

10.1.1 개선계획

압축공기 시스템을 계획하는 경우에는 공기압축기만을 계획하지 않고, 반드시 공장 전체를 파악할 수 있는 흐름도를 작성하여 이것에 근거하여, 공장 성에너지를 위한 개선항목, 주의하여 계획하여야 하는 항목을 도출하여 계획할 필요가 있다. 이를 위해서는 먼저 공장개선계획을 진행시키는 경우에 준비하여야 하는 도면, 흐름도 등을 미리 정리해 둔다.

공장전체에 설치되는 전형적인 설비기기는 그림 10.1에 도시한 바와 같다. 이것을 그림 10.2와 같이 공장 설비기기의 흐름도와 각 공장으로의 압축공기의 흐름을 분석한 그림 10.3과 같은 공장 배치도로 나누어 작성한다. 이들 그림을 기초로 표 10.1에 나타내는 공장 성에너지 진단 점검 리스트를 작성하고, 개선방향을 검토한다. 성에너지 개선의 실시에 있어서는 적절한 순서를 취하지 않으면 큰 효과를 기대하기 어렵다. 그림 10.4에는 개선순서의 일례를 참고로 나타낸다.

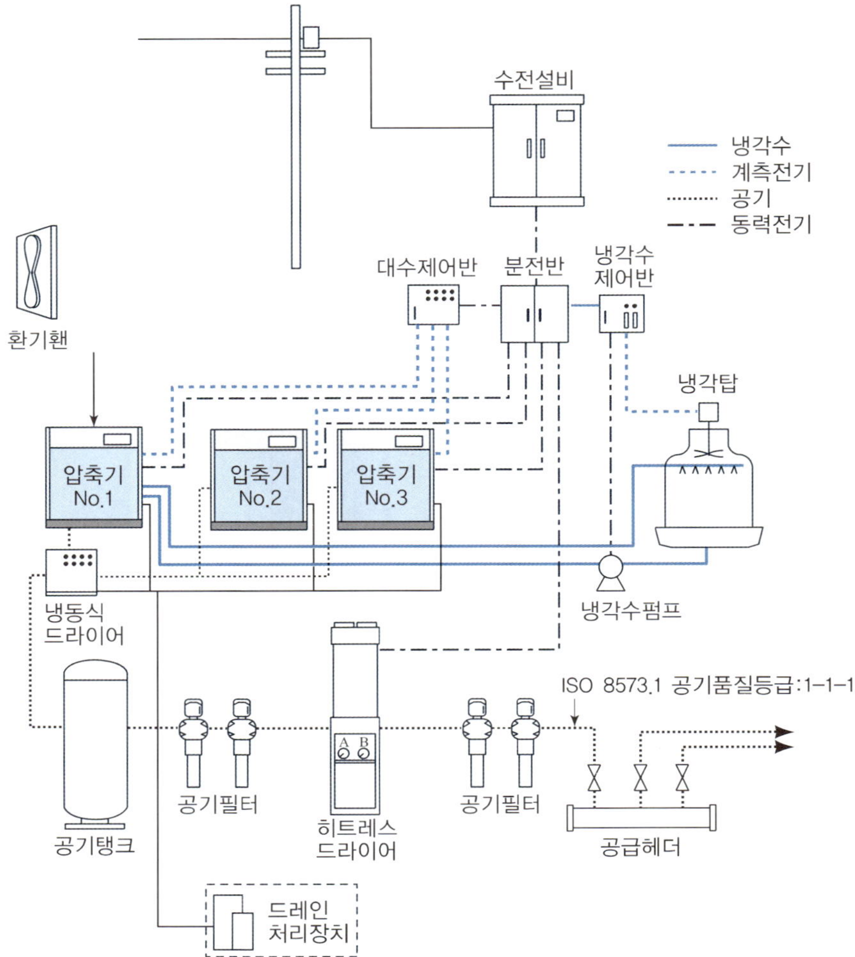

그림 10.1 공기압축기의 전체설비

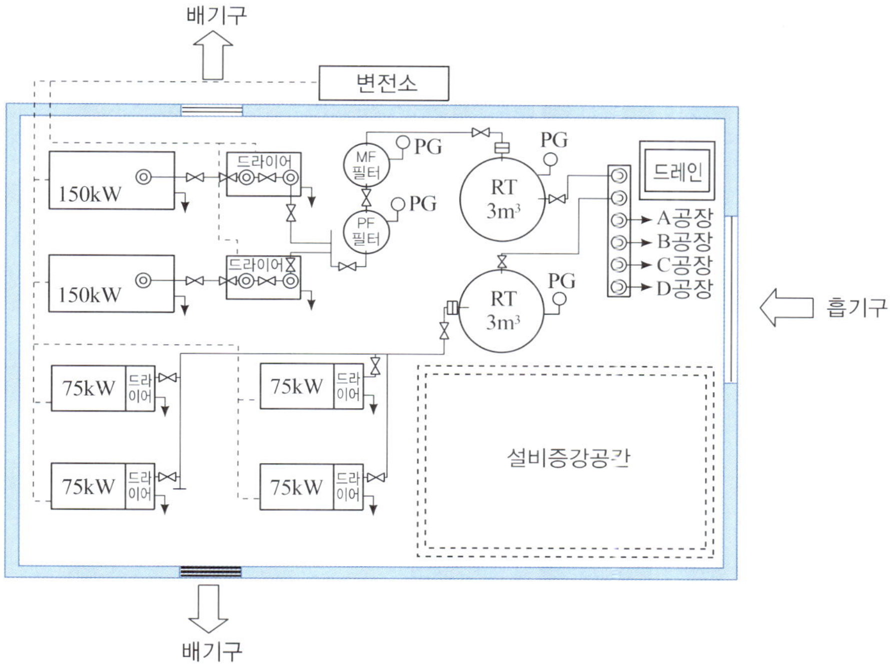

그림 10.2 공장 설비기기의 흐름도

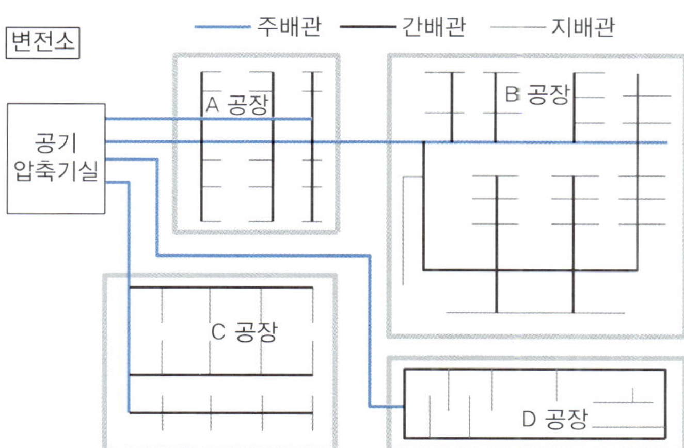

그림 10.3 공장 배치도

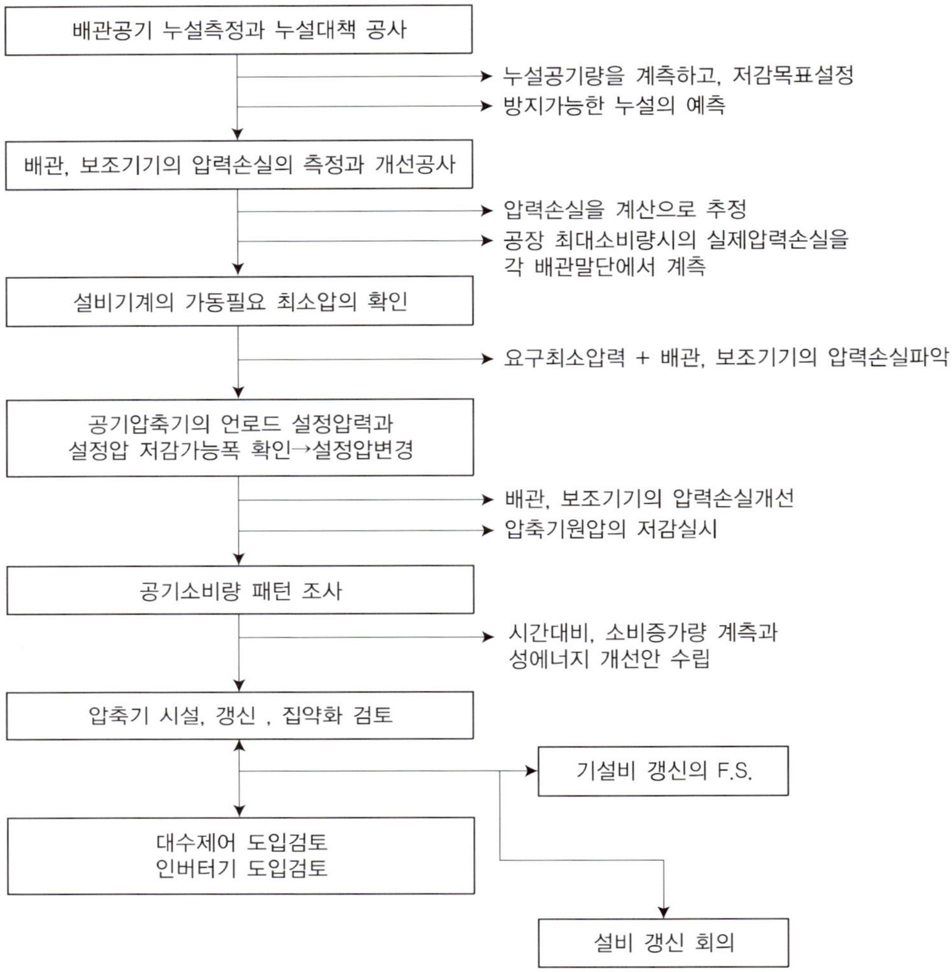

그림 10.4 공장 압축공기 설비의 성에너지 개선순서

표 10.1 공장 성에너지 진단 점검리스트

<table>
<tr><th>번호</th><th colspan="2">점검항목</th><th>진단결과</th><th>대응책</th></tr>
<tr><td>1</td><td colspan="2">전원 트랜스포머의 용량</td><td></td><td></td></tr>
<tr><td>2</td><td colspan="2">누전 브레이커의 용량</td><td></td><td></td></tr>
<tr><td rowspan="2">3</td><td rowspan="2">전선케이블 사이즈와 재질</td><td>사이즈</td><td></td><td></td></tr>
<tr><td>재질</td><td></td><td></td></tr>
<tr><td rowspan="2">4</td><td rowspan="2">환기홴</td><td>용량</td><td></td><td></td></tr>
<tr><td>장소</td><td></td><td></td></tr>
<tr><td rowspan="2">5</td><td rowspan="2">흡입구</td><td>면적</td><td></td><td></td></tr>
<tr><td>장소</td><td></td><td></td></tr>
<tr><td rowspan="2">6</td><td rowspan="2">덕트</td><td>위치</td><td></td><td></td></tr>
<tr><td>저항</td><td></td><td></td></tr>
<tr><td rowspan="5">7</td><td rowspan="5">청정공기시스템</td><td>요구사양 만족도</td><td></td><td></td></tr>
<tr><td>시스템 불비사항</td><td></td><td></td></tr>
<tr><td>총압력손실</td><td></td><td></td></tr>
<tr><td>차압관리방식</td><td></td><td></td></tr>
<tr><td>설비 요구청정도</td><td></td><td></td></tr>
<tr><td>8</td><td colspan="2">응축드레인수 처리장치의 여부</td><td></td><td></td></tr>
<tr><td rowspan="2">9</td><td rowspan="2">공장배관</td><td>주배관</td><td></td><td></td></tr>
<tr><td>지관</td><td></td><td></td></tr>
<tr><td>10</td><td colspan="2">바이패스 배관</td><td></td><td></td></tr>
<tr><td>11</td><td>공기탱크</td><td>용량</td><td></td><td></td></tr>
<tr><td>12</td><td>밸브</td><td>설치위치</td><td></td><td></td></tr>
<tr><td>13</td><td colspan="2">말단압력</td><td></td><td></td></tr>
<tr><td>14</td><td colspan="2">배관압력손실</td><td></td><td></td></tr>
<tr><td>15</td><td colspan="2">공기누설</td><td></td><td></td></tr>
<tr><td>16</td><td>소비량 시간선도</td><td>압축기 가동부하율</td><td></td><td></td></tr>
<tr><td>17</td><td colspan="2">압축기 Unload설정압력</td><td></td><td></td></tr>
<tr><td>18</td><td colspan="2">압축기 운전 시스템</td><td></td><td></td></tr>
<tr><td>19</td><td colspan="2">설비기계의 필요 최소압력</td><td></td><td></td></tr>
<tr><td>20</td><td>대수제어</td><td>이점계산</td><td></td><td></td></tr>
<tr><td>21</td><td>인버터기</td><td>이점계산</td><td></td><td></td></tr>
<tr><td>22</td><td colspan="2">갱신 · 집약화검토</td><td></td><td></td></tr>
</table>

10.1.2 공기압축기의 배치

공기 Blow 노즐, 공기 Cylinder로부터 계산 혹은 실제 측정한 라인 등의 공기소비량 패턴을 근거로, 압축기의 설치 계획을 세운다. 압축기의 설치방법은 집중설치와 단독분산설치, 배관연결 분산설치의 3가지 방법이 있다. 이들의 설치방식을 그림 10.5에 도시한다. 각 방식의 장단점을 표 10.2에 정리하였으며, 각 공장의 상황에 맞추어 설치방식을 결정한다.

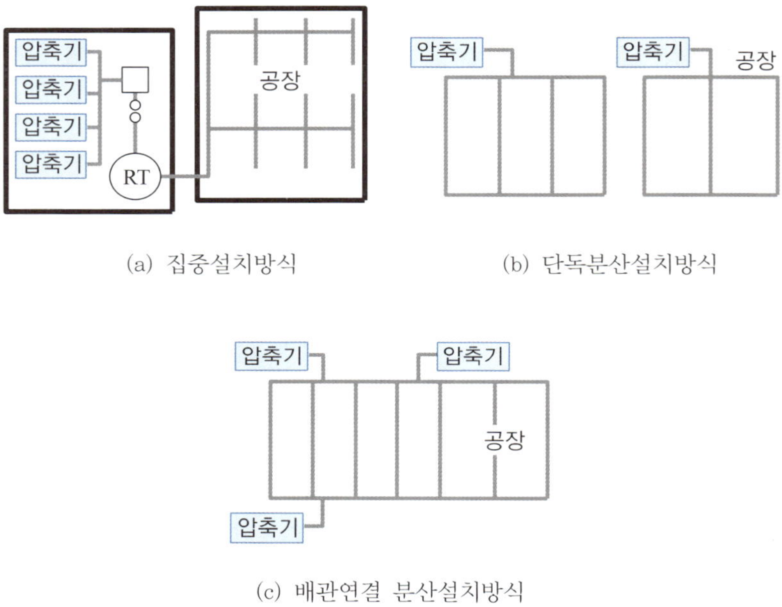

그림 10.5 공기압축기의 설치방식

표 10.2 공기압축기 설치방식의 비교

<table>
<tr><th>비교항목</th><th>집중설치방식</th><th>배관연결
분산설치방식</th><th>단독분산설치방식</th></tr>
<tr><td>일상운전관리</td><td>1개소에 있어 효율적</td><td colspan="2"></td></tr>
<tr><td>자동대수운전</td><td>가능</td><td>시간과 비용이 소요</td><td>곤란</td></tr>
<tr><td>공해처리</td><td rowspan="3">집중처리 가능</td><td rowspan="3" colspan="2">각 압축기별로 처리가능, 시간이 걸림</td></tr>
<tr><td>작업환경</td></tr>
<tr><td>보조기기,
보수</td></tr>
<tr><td>설비
총비용</td><td>배선, 드레인배관, 환기 등은
1개소로 되는 반면, 압축공기 주관은
긴 대관경이 필요하므로 비용이
추가</td><td colspan="2">환기, 배선, 배관은 각각 필요하지만,
분산설치 압축기는 중·소형기이므로, 통상
압축기의 총비용의 차는 거의 없다.
압축기실의 건설은 불필요</td></tr>
<tr><td>필요압력</td><td>전 공장에서 가장 높은 말단
요구압력에 전 압축기를 준비하여야
하며, 중압, 저압라인으로의
압축공기공급은 감압밸브에서
필요압력까지 저하시킬 필요가
있으며, 성전력면으로부터 불리</td><td>루프배관을
2그룹으로 나누면
중압라인,
고압라인에 각각
적절한 압력으로
대응가능</td><td>기기의
필요최소압력에
압축기원압을
맞추기가 용이</td></tr>
<tr><td>압력손실</td><td>압축공기사용 말단까지 거리가 있기
때문에 압력손실이 크다. 압축기군
전체에 대응하는 드라이어,
미스트필터를 설치하면 비용이
증가된다. 고장시 전체 공장으로
영향이 미침</td><td colspan="2">압축공기를 소비하는 기기에 압축기가 가까이
위치할수록 압력손실은 적어진다. 필요한
압축공기 품질에 대응하는 드라이어, 오일
미스트필터를 각 압축기에 대하여 설치하면
좋으며, 불필요한 압력손실이 발생하지 않음</td></tr>
<tr><td>소비공기량
변동</td><td>공장전체의 부하변동에 압축기군
전체로 대응하기 때문에 효율적인
운전이 가능한 반면, 야간, 휴일 등
소비량이 적을 때는 설치압축기가
대형이라면 소비전력이 크게 된다.</td><td>부하변동에 대한
대응은 압축기군
전체로 하기 때문에
효율적</td><td>각 압축기가 각각
부분부하 소비전력에
우수한 인버터기 등의
압축기 설치가 필요</td></tr>
<tr><td>배관공기누설</td><td colspan="2">1개소에의 공기누설이 전압축기에 영향을 미침</td><td>1개소에서 누설은
1대의 압축기에만 영향</td></tr>
<tr><td>소음, 진동</td><td>압축기군 전체에서의 방음대책을
수립하기가 용이</td><td colspan="2">기기 라인 측에 설치하는 경우가 많으며,
작업자에 대한 영향을 줄이기 위하여,
저진동, 방음 패키지형이 필요, 대형기는
설치하기 어렵다.</td></tr>
</table>

10.2 부대기기 계획 : 공기탱크

공기탱크(Receiver Tank라고도 함)의 사용목적은 순간적으로 압축공기의 송출능력을 초과하는 공기량을 소비하는 경우, 공기탱크에 저장한 압축공기로 대처하기 위한 것으로, 압력강하를 허용범위 내로 유지할 수 있도록 탱크용량을 선정할 필요가 있다. 압축기 토출주관에 설치할 뿐만 아니라, 소비공기량이 많은 공압기기를 배관 말단부에 설치하는 경우에는 그 기기까지 배관을 신설하여, 공압기기의 바로 근처에 전용의 공기탱크를 설치하는 것이 일반적이다.

공기탱크는 일반적으로는 강판의 용접구조에 의하여 만들어지는 압력용기로 대다수가 입형이다. 내부 용적 등에 따라 다소 다르지만, 거의 대부분의 탱크가 압력용기 안전규칙에 근거하여 규제를 받기 때문에, 구조에 대해서도 압력용기 구조규격에 기초한 것이어야 한다. 이러한 공기탱크에는 압축공기 접속구 이외에도, 탱크내 압력을 계측하기 위한 압력계, 과압방지를 위한 안전밸브, 내부 점검 및 청소를 위한 점검창과 맨홀 등이 필요하다. 전술한 바와 같이 이러한 공기탱크의 근본적인 역할은 공기의 축적과 맥동의 완화이므로, 사용목적에 따라 탱크의 선정도 달라진다.

맥동완화를 위한다면, 공기탱크의 용적산출의 기준은 다음의 식으로 주어진다.

$$V_r = \frac{200\,V_s}{r} \tag{10.1}$$

V_r : 리시버 탱크의 내용적 [m^3]

V_s: 압축기 최종단의 피스톤의 배제체적 [m^3]

r : 최종단의 압력비

그러나 실제로는 공기의 수요량의 변동에 적절히 대응하기 위해서는 위의 계산값의 수배의 용적의 탱크를 선정하는 것이 상례이다. 표 10.3은 압축기의 토출압력이 0.69MPa 정도인 경우 소형 공기탱크 사양의 일례를 보여준다.

자동 기동/정지식의 압축기나, Load/Unload식의 용량조정 방식의 압축기를 사용하는 경우, 기동/정지의 횟수가 줄어들고, 압축기의 정지시간이나 Unload 시간이 길게 되는 만큼, 성전력으로 되므로 부품수명도 길어지게 된다. 이하에는 4가지 사례를 들어 공기탱크에 관한 계산과정을 설명한다.

표 10.3 공기탱크의 용량예

[m³]	[mm]	[mm]			[m³/min(ANR)]
			A	B	
0.2	450	1320	25	1	1.0~1.5 (7.5~11 [kW])
0.4	650	1300	40	1 1/2	2.0~3.5 (15~27 [kW])
0.5	700	1400	40	1 1/2	5.0 (37 [kW])
0.7	800	1510	50	2	7.5 (55 [kW])
1.0	950	1550	50	2	10 (75 [kW])
1.5	1000	2060	50	2	15 (110 [kW])

10.2.1 단속적 공기소비시의 허용 소비공기량 계산

단속적으로 공기압축기의 토출 공기량 이상으로 압축공기를 소비할 필요가 있거나, 압력변화량을 일정값 이하로 유지하려는 경우에 대한 예를 설명한다.

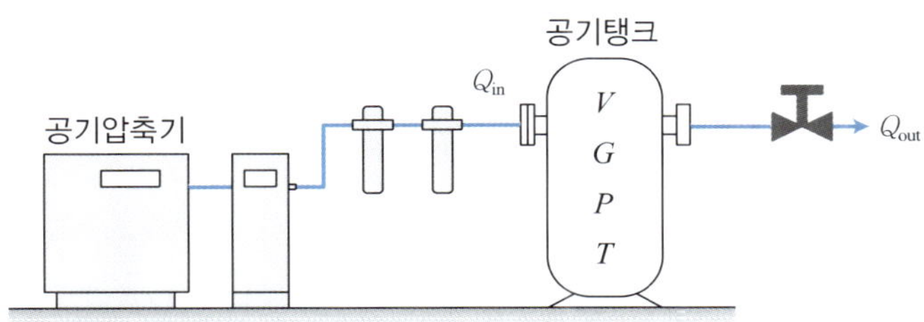

그림 10.6 공기탱크의 용량과 소비공기량, 압력변화

그림 10.6에서 공기탱크의 용량, 소비공기량 그리고 공기탱크의 압력과의 관계를 보면, 탱크내 압력과 소비량의 관계는 다음의 식으로 표현된다.

$$PV = GRT \tag{10.2}$$

여기에서,

P : 공기탱크내 압력 [MPa]

V : 공기탱크 용량 [m^3]

G : 공기탱크내 공기질량 [kg]

T :공기탱크내 공기온도 [K]

R : 가스 상수 (= 2.987)

초기에 탱크에 저장되어 있는 공기질량 G_0[kg]는 식 (10.2)로부터

$$G_0 = \frac{P_0 V}{RT} \tag{10.3}$$

t초 후, 탱크내에 저장되어 있는 공기질량 G_1은

$$G_1 = \frac{P_1 V}{RT} \tag{10.4}$$

따라서 소비공기량 Q_{out}가 압축기 토출량 Q_{in}보다 많은 경우, 공기탱크로부터 방출되는 압축공기중량 ΔG는 다음으로 쓰여진다.

$$\Delta G = G_0 - G_1 = (P_0 - P_1)\frac{V}{RT} \tag{10.5}$$

위의 식에서

P_0 : 공기탱크내 초기압력 [MPa]

P_1 : 공기탱크로부터 압축공기 방출 후의 압력 [MPa]

또 온도 T[K]에 대한 공기밀도 ρ[kg/m^3]는

$$\rho = 1.293 \times \frac{273.16}{T} \ [\text{kg/m}^3] \tag{10.6}$$

따라서 t초간 탱크로부터 방출된 공기량 ΔG는

$$\Delta G = \frac{\Delta G}{\rho} \tag{10.7}$$

$$= (P_0 - P_1)\frac{V}{RT} \times \frac{T}{1.293 \times 273.16} \tag{10.8}$$

$$= \frac{(P_0 - P_1)V}{10332} \ [\text{m}^3]$$

로 된다.

계산예 1 37kW의 공기압축기가 전부하 $6m^3/min$으로 공기를 압축하여 공기탱크로 보낸다. 이 경우 공기탱크의 용량은 $2m^3$, 초기압력 0.7MPa, 탱크내 온도 40℃이며, 탱크의 허용압력은 0.6MPa까지로 가정한다. 25초간 공장 라인에서 압축공기에 의한 Batch처리공정이 필요하며, 37kW 압축기의 토출능력 이상의 많은 공기량을 소비하려고 한다. 최대로 소비가능한 공기량은 얼마인가?

Q_{in} : $6m^3/min$

V : $2m^3$

T : 273.16+40 =313.16K

P_0 : (0.7+0.1013)MPa = 0.8013MPa

P_1 : (0.6+0.1013)MPa = 0.7013MPa

t : 25s

식 (10.5)로부터

$$\Delta G = (P_0 - P_1)\frac{V}{RT} = \frac{2 \times (0.80133 - 0.7013) \times 10^4}{2.987 \times 313.16} = 2.138 \text{ kg}$$

공기의 질량유량 g [kg/min]는

$$g = \Delta G \times \frac{60}{t} = 5.131 \text{ kg/min}$$

표준흡입상태(0.1MPa 환산 대기압력, 20℃ 대기온드)에서 공기량 Q_{20}은

$$Q_{20} = 1.293 \times \frac{273.16}{273.16 + 20} = 1.205 \text{ kg/m}^3$$

$$Q_{20} = \frac{5.131}{1.205} = 4.258 \text{ m}^3/\text{min}$$

$$Q_{out} = 6 + 4.258 = 10.258 \text{ m}^3/\text{min}$$

따라서 공기탱크가 없다면, 75kW 정도의 공기압축기가 필요하지만, 37kW기로도 $2m^3$의 공기탱크를 설치하면 $10m^3/min$정도의 공기량을 25초간 송출할 수 있다.

10.2.2 단속적인 공기소비시의 공기탱크 용량계산

자동 기동/정지식의 공기압축기를 사용하며, 압축기 토출용량을 상회하는 공기소비량이 단속적으로 발생하고 있다. 압력강하를 허용범위 내에 유지시키고자 하는 경우에 공기탱크 용량 V의 계산은 다음의 식으로 주어진다(그림 10.7 참조).

$$\Delta Q \cdot \rho = \Delta G \tag{10.9}$$

$$(Q_{\mathrm{out}} - Q_{\mathrm{in}}) \times \frac{t}{60} \times \rho = \frac{\Delta P \times 10^4 \times V}{RT}$$

$$(Q_{\mathrm{out}} - Q_{\mathrm{in}}) \times \frac{t}{60} \times \frac{1.293 \times 273.16}{T} = \frac{\Delta P \times 10^4 \times V}{RT}$$

$$V = \frac{2.987}{\Delta P \times 10^4} \times (Q_{\mathrm{out}} - Q_{\mathrm{in}}) \times t \times 1.293 \times 273.16 \tag{10.10}$$

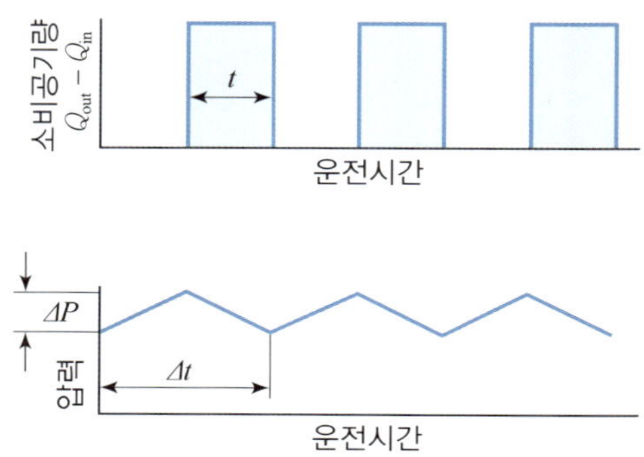

그림 10.7 소비공기량이 단속적이고, 온오프시 압력변동폭 ΔP를 일정이하로 한 경우

계산예 2 7.5kW의 공기압축기로 $2\mathrm{m}^3$/min의 공기량을 30초간 단속적으로 소비하는 경우에 압력변화를 0.85MPa로부터 0.7MPa사이로 설정하려고 한다. 이 경우에 필요한 공기탱크의 용량은 얼마인가?

ΔP : 0.15MPa

Q_{out} : $2\mathrm{m}^3$/min

Q_{in} : $1\mathrm{m}^3$/min

t : 30s

위의 식 (10.10)에 이들 값을 대입하여 계산하면,

$$V = \frac{2.987}{0.15 \times 10^4} \times (2-1) \times \frac{t}{60} \times 1.293 \times 273.16 = 0.362\ \mathrm{m}^3 = 352\ \mathrm{L}$$

10.2.3 연속적인 공기소비시 압력 변동폭을 일정값 이하로 하는 공기탱크의 용량계산

자동기동/정지식의 공기압축기를 사용하며, 공기소비량이 연속적이고 일정하며, 압축기 On–Off에 의한 압축공기 라인압력의 변동폭을 작게 하고자 하는 경우에 공기탱크의 용량은 다음의 식과 같이 계산한다(그림 10.8참조).

$$\Delta G \cdot \rho = \Delta G \tag{10.11}$$

$$(Q_{out} - Q_{in}) \times \frac{\Delta t}{2 \times 60} \times \rho = \frac{\Delta P \times 10^4 \times V}{RT}$$

$$(Q_{out} - Q_{in}) \times \frac{\Delta t}{2 \times 60} \times \frac{1.293 \times 273.16}{T} = \frac{\Delta P \times 10^4 \times V}{RT}$$

$$V = \frac{2.987}{\Delta P \times 10^4} \times (Q_{out} - Q_{in}) \times \frac{\Delta t}{2 \times 60} \times 1.293 \times 273.16 \tag{10.12}$$

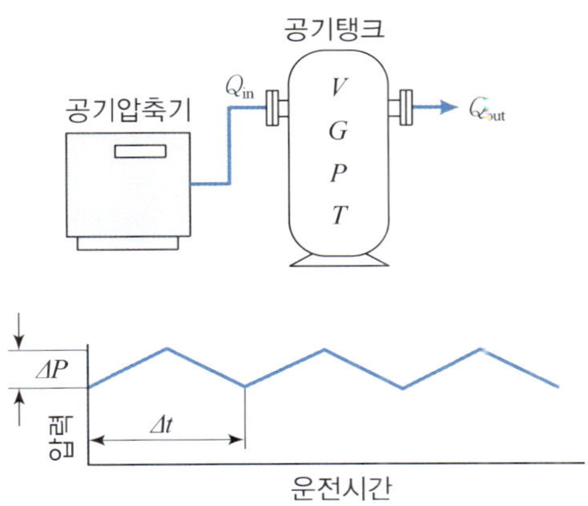

그림 10.8 소비공기량이 일정하고, On–Off시 압력변동폭 ΔP를 일정값 이하로 하는 경우

계산예 3 7.5kW의 공기압축기가, 1m^3/min의 공기를 토출하며, 소비공기량은 0.5/min이고, On–Off 사이클은 1분 간격이라고 가정한다. 압력 변동폭은 0.8MPa~0.7MPa 사이로 설정하고자 한다. 이 경우에 필요한 공기탱크의 용량은 얼마인가?

Q_{out} : $0.5m^3/min$

Q_{in} : $1.0m^3/min$

ΔP : $0.8-0.7=0.1MPa$

t : 60s

$$V = \frac{2.987}{0.1 \times 10^4} \times (1-0.5) \times \frac{6}{2 \times 60} \times 1.293 \times 273.16$$
$$= 0.264 \text{ m}^3$$
$$= 264 \text{ L}$$

위의 계산에 2와 3이 동시에 발생하는 경우에는 각 경우에 대하여 계산하여 용량이 큰 쪽을 선정하는 것이 일반적이다.

10.2.4 Load/Unload 방식 공기압축기의 용량제어 특성을 개선하려고 하는 경우

제 5장에서 설명한 바와 같이, 공기압축기의 용량제어 방법에는 100% 용량을 토출하는 전부하 운전과 전혀 공기를 토출하지 않는 0%의 퍼지운전 혹은 압축기 정지 등의 무부하 운전을 교대로 반복하고, 각각의 시간비로 용량제어를 수행하는 방식이 많이 채택된다. 전부하 운전과 퍼지운전을 교대로 반복하는 것에 의하여, 용량제어를 수행하는 Load/Unload 용량제어에 대하여, 그 특성이 공기탱크 용량에 따라 어떻게 변화하는지 고찰하여 보자(그림 10.9 참조).

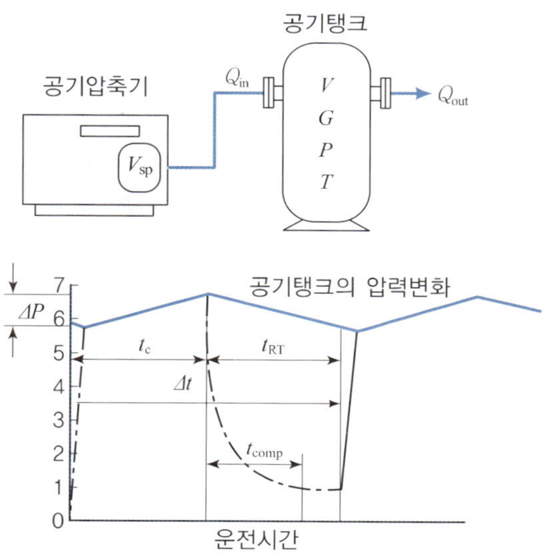

그림 10.9 공기탱크 용량에 따른 용량제어 특성 변화

운전 상한 설정압력과 하한 설정압력의 차를 ΔP[MPa]로 하는 경우, 하한압력 신호에 의하여 압축기가 전부하 운전을 개시한 후, 상한압력까지 도달하여 퍼지 운전 상태로 되기까지의 시간을 t_c [s]로 가정하면, 식 (10.2)에서 $PV = GRT$이므로,

$$\Delta PV = \Delta GRT$$

$$\Delta PV = (Q_{\text{in}} - Q_{\text{out}})\rho \frac{T_c}{60} RT \qquad (10.13)$$

$$T_c = \frac{\Delta PV \times 60}{(Q_{\text{in}} - Q_{\text{out}})\rho RT}$$

퍼지개시 후, 소비공기량 Q_{out}로부터 공기탱크내 압축공기가 소비되어, 하한압력까지 감소하는 시간을 t_{rt} [s]라고 한다면, 위와 유사하게 다음의 식으로 주어진다.

$$t_{rt} = \frac{\Delta PV \times 60}{Q_{\text{out}}\, \rho RT} \qquad (10.14)$$

계산을 간략하게 하기 위하여, t_c 시간 중의 전부하 소비전력을 도출하는데 있어서, 압력 변화분을 고려하지 않고, 일정한 것으로 하여 100%로 가정한다. 또 퍼지개시 직후 압축기 내장시간중의 소비전력을 25%라고 한다면, 각 소비공기량 Q_{out}일 때의 소비전력 비율 X는 다음과 같이 구해진다.

(1) 급유식 스크류 공기압축기의 경우

압축기유닛 내장의 오일 분리기 탱크를 급격하게 감압하면, 내부 윤활유의 공동현상(Cavitation) 등의 바람직하지 못한 문제가 발생하기 때문에, 감압속도가 제한된다. 통상적으로 이러한 방출시간 t_{comp}는 30s~60s 정도로, 기종에 따라 동력저감 비율 X에 차이가 발생하게 되지만, 대략적인 특성은 다음과 같이 된다.

압축공기를 토출하지 않는 Unload 개시 후, 공기소비에 의하여 압력이 하한 설정압력까지 도달하는 시간 t_{rt}쪽이 t_{comp}보다도 긴 경우, 즉,

① $t_{rt} \geq t_{\text{comp}}$인 경우

$$X = \frac{100\,T_c + 55t_{\text{comp}} + 25(t_{rt} - t_{\text{comp}})}{100\Delta t} \qquad (10.15)$$

② $t_{rt} < t_{comp}$인 경우

$$X = \frac{100t_c + 55t_{rt}}{100\Delta t} \tag{10.16}$$

(2) 드라이 오일 프리식 스크류 압축기 경우

압축기 내부압력에서 대기로 퍼지에 의한 압력강하 속도에 제한이 없게 되므로, 동력저감 비율 X는 대략적으로 다음의 식으로 추정이 가능하다.

$$X = \frac{100t_c + 25t_{rt}}{100\Delta t} \tag{10.17}$$

계산예 4 Load/Unload 형식의 37kW 급유식 스크류 공기압축기, 100% 부하시 토출 공기량 6m^3/min을 사용, 토출공기량은 25%로부터 100%까지 1일의 시간대로 부하변동을 한다. 압력 변동폭은 0.7~0.6MPa가 허용값이다. 이 경우, 공기탱크 용량이 각각 2m^3, 1m^3, 0.5m^{3}으로, 공기탱크의 방풍시간 t_{comp}은 30s로 가정하고, 공기압축기의 소비전력 특성은 어떻게 변화하는가?

- 2m^3 공기탱크의 경우

25% 부하, Q_{out} : 1.5m^3/min에서는

$$t_c = \frac{0.1 \times 10^4 \times 2 \times 60}{(6-1.5) \times 1.293 \times 273.16 \times 2.987} = 25 \text{ s}$$

$$t_{rt} = \frac{0.1 \times 10^4 \times 2 \times 60}{1.5 \times 1.293 \times 273.16 \times 2.987} = 75 \text{ s}$$

$$X = \frac{25 \times 100 + 30 \times 55 + (75-25) \times 25}{(25+75) \times 100} = 0.54$$

- 1m^3 공기탱크의 경우

유사하게 계산하여,

t_c : 12.5 s, t_{rt} : 37.4 s

$$X = \frac{12.5 \times 100 + 30 \times 55 + (37.4-30) \times 25}{(12.5+37.4) \times 100} = 0.62$$

- $0.5m^3$ 공기탱크의 경우

유사하게 계산하여,

t_c : 6.2 s, t_{rt} : 19 s

$$X = \frac{6.2 \times 100 + 19 \times 55}{(6.2 + 19) \times 100} = 0.66$$

위의 세 경우에 대한 계산결과를 도시하면 그림 10.10과 같다. 그림에서 공기탱크의 용량 V가 클수록 성전력 특성이 증가한다는 것을 알 수 있다.

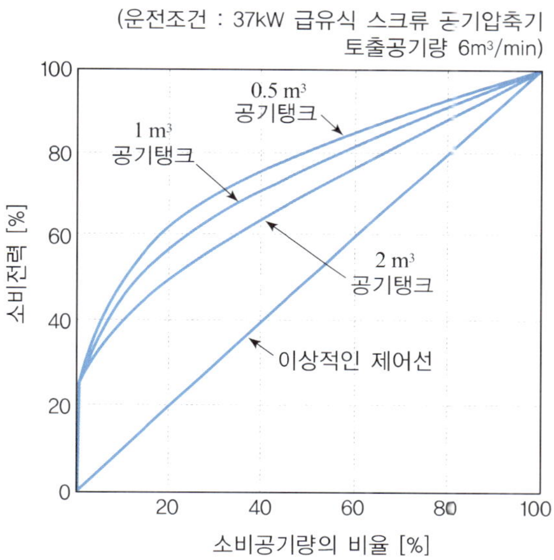

그림 10.10 공기탱크 용량과 용량제어 특성의 변화

10.3 부대기기 계획 : 후냉각기(After Cooler)

압축기로부터 토출하는 공기온도는 압축기의 종류와 사양에 따라 다르지만, 높게는 200℃까지 상승한다. 이러한 고온의 공기를 그대로 사용하면, 패킹의 열화가 촉진되거나, 말단에서 냉각되어 드레인이 분리되어 기기에 악영향을 미치게 된다. 따라서 압축기 토출직후에 후냉각기(After Cooler)를 설치하여, 고온의 압축공기를 냉각하여 수분을 분리한다. 일반적으로 이러한 후냉각기로는 수냉식과 공랭식이 있다.

10.3.1 수냉식 후냉각기

그림 10.11에 도시하는 바와 같은 다관식 열교환기가 일반적이다. 냉각관에는 주로 동관이 이용되며, 관의 내측에는 물, 외측에는 고온 압축공기를 흘려보내면, 냉각관의 벽을 통하여 고온의 공기로부터 냉각수로 열교환이 이루어져, 압축공기의 온도가 낮아지게 된다. 공기 중에 포함되는 수증기량이 포화수증기량을 넘게 되면, 응축하여 액적으로 되어 냉각관 벽에 부착하게 된다. 더욱이 이들의 액적은 상호 집적, 성장하여 결국에는 드레인으로 되며, 후냉각기의 밑 부분에 축적하게 되므로, 드레인 밸브 또는 드레인 자동배출장치가 필요하다.

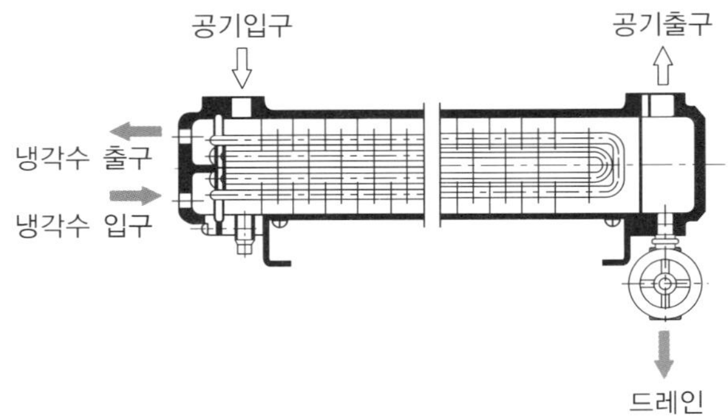

그림 10.11 수냉식 후냉각기

한편 냉각에 의하여 발생하는 응축수는 반드시 드레인으로서 배출되는 것이 아니라 미스트로 되어 공기에 혼입할 수 있다. 그림 10.11과 같은 수냉식 후냉각기는 냉각관 외측표면에 다수의 핀(fin)을 결합시켜, 압축공기와 냉각면의 접촉면적을 증대시켜 냉각효과의 향상과 응축수의 부착분리를 하는데 도움이 될 수 있다.

10.3.2 공랭식 후냉각기

그림 10.12는 가장 대표적인 공랭식 후냉각기의 구조이다. 냉각부는 알루미늄 핀을 방열판으로 한 냉각관 군으로 되어 있으며, 관의 내측을 고온 고압의 공기가 흘러가고, 관의 외측은 냉각용 핀으로부터 냉각풍으로 강제 냉각된다. 본체로 유입하는 압축공기는 분지관으로부터 각 냉각관으로 분지되어, 냉각관 내측을 통과하는 동안에 냉각된다. 이 과정에서 공기 중의 수증기는 응축한다.

각 냉각관 중에서 미스트상의 응축수를 포함하는 압축공기는 집합관을 거쳐, 본체로부터 유출한다. 집합관의 밑 부분에 축적되는 드레인은 드레인 밸브 또는 드레인 자동배출장치에 의하여 배출된다.

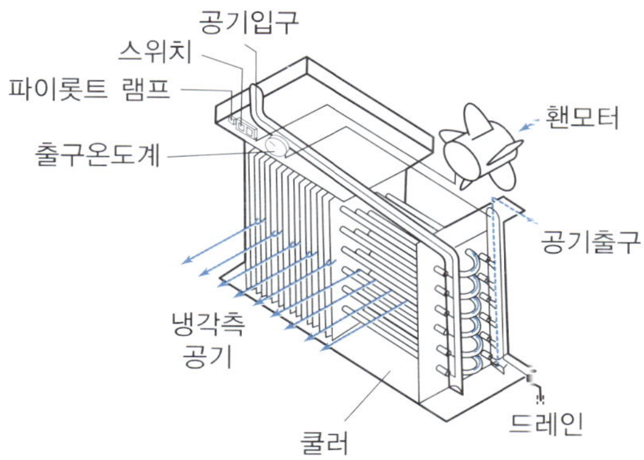

그림 10.12 공랭식 후냉각기

10.3.3 후냉각기의 특성

후냉각기의 특성은 주로 유량특성과 냉각특성 2가지로 대별할 수 있다. 유량특성은 후냉각기를 지나는 압축공기 유동에서 발생하는 압력강하와 관련되며, 동일한 기종이라고 하더라도 공기의 입구온도, 압력에 따라 달라지며, 특히 압력에 크게 영향을 받는다.

냉각특성은 공기의 입구압력, 온도, 습도 등을 규정하여, 몇 l/min(ANR)의 공기가 냉각되고, 출구온도가 몇 도로 되는지를 나타낸다. 압축기에서 가압된 공기의 수분량은 압축기의 흡입공기의 온도와 습도에 의하여 결정되므로, 포함된 수분량 대신에 흡입온도와 상대습도로 나타내는 경우가 통상적이다. 또 포함된 수분량을 나타내는 것으로, 가압 하에서 몇 도까지 냉각하면, 압축 공기 중에 포함된 수증기가 응축하는가를 나타내는 온도(즉 압력하 노점)을 이용하는 경우도 있다.

그림 10.13과 10.14는 각각 후냉각의 유량특성과 냉각특성을 나타낸다. 후냉각기 흡입압력 P가 주어지는 경우 유량과 압력강하 특성을 파악할 수 있으며, 출구온도가 유량에 따라 어떻게 변화하는지를 알 수 있다.

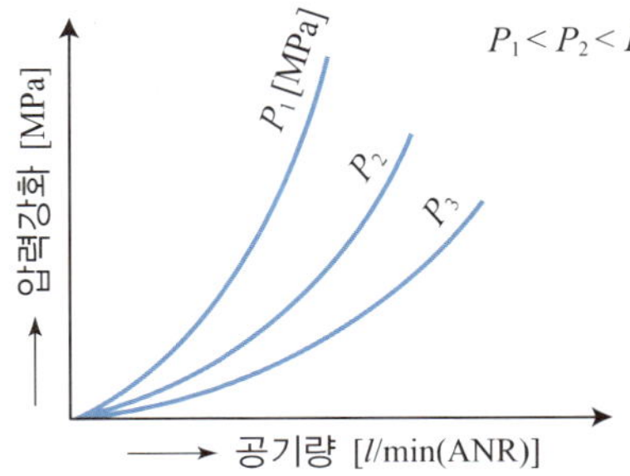

그림 10.13　후냉각기의 유량특성

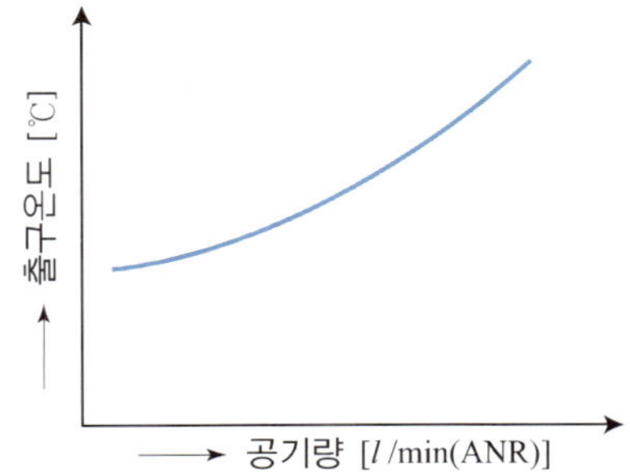

그림 10.14　후냉각의 냉각특성

10.4 부대기기 계획 : 압축공기의 청정화 장치

10.4.1 공기압 청정기기의 필요성

대기 중에는 각종 부유 먼지나 특히 중화학 공업지역에는 SO_2, H_2S 등 오염물질이 포함되어 있다. 이들을 압축기로 흡입하여 고압으로 가압하면, 압력에 비례하여 이들 오염물질의 농도는 수배에서 수십 배로 증가하게 된다. 또 SO_2, H_2S 등이 포함되어 있으면, 각종 공기압 기기의 부식을 촉진시키는 원인으로 된다. 따라서 이들을 제거하는 청정기기가 필요하다.

대개의 경우 압축기의 흡입 측에는 필터가 설치되어 있지만, 후술하는 바와 같이, 2~5μm 이하로 되는 미세한 먼지는 여과되지 않는다. 이 경우 흡입구에서 여과도를 높이려고 하면, 공기저항이 증가하여, 압축기의 효율이 저하되는 문제가 발생한다.

일반적으로 압축공기를 오염시키는 첫 번째 오염물질은 대기 중의 먼지이며, 두 번째의 요인은 윤활유가 오일 미스트나 카본으로 되는 것이다. 윤활유의 경우, 주로 피스톤과 실린더의 윤활에서 기계적인 전단력을 받게 되므로 미세한 미스트로 된다. 더욱이 압축기 내에서 압축되어, 압력이 대략 0.7MPa, 흡입온도 30℃ 정도일 때, 피스톤 식에서는 250~300℃, 스크류 식의 경우 70~90℃ 정도의 고온으로 되며, 오일미스트가 탄화되어 증발하기도 한다.

한편 세 번째 오염은 수분으로, 기기의 녹을 초래하는 주원인이기도 하다. 대기는 대략 40~80% 정도의 수증기 상태로 수분이 포함되어 있다. 이러한 공기를 0.7MPa까지 압축하면, 체적이 약 1/8정도로 줄어들기 때문에, 수증기로서 포함되어 있는 비율이 낮아지게 되며, 60℃~70℃ 이하로 냉각되면 포화증기로 되어, 습도가 100%를 넘어 과포화 수분이 응축수분으로 발생하게 된다. 이러한 수분이 배관(특히 강관)내에 존재하면 녹을 발생시킨다. 그림 10.15, 그림 10.16 그리고 표 10.4에는 이들을 종합적으로 정리한 것으로 좋은 참고 자료가 될 수 있다.

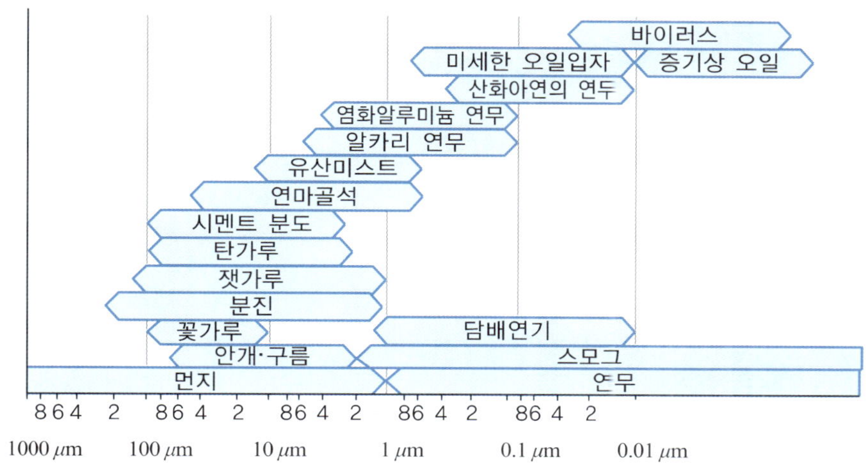

그림 10.15 압축 공기 중 오염물질의 입자

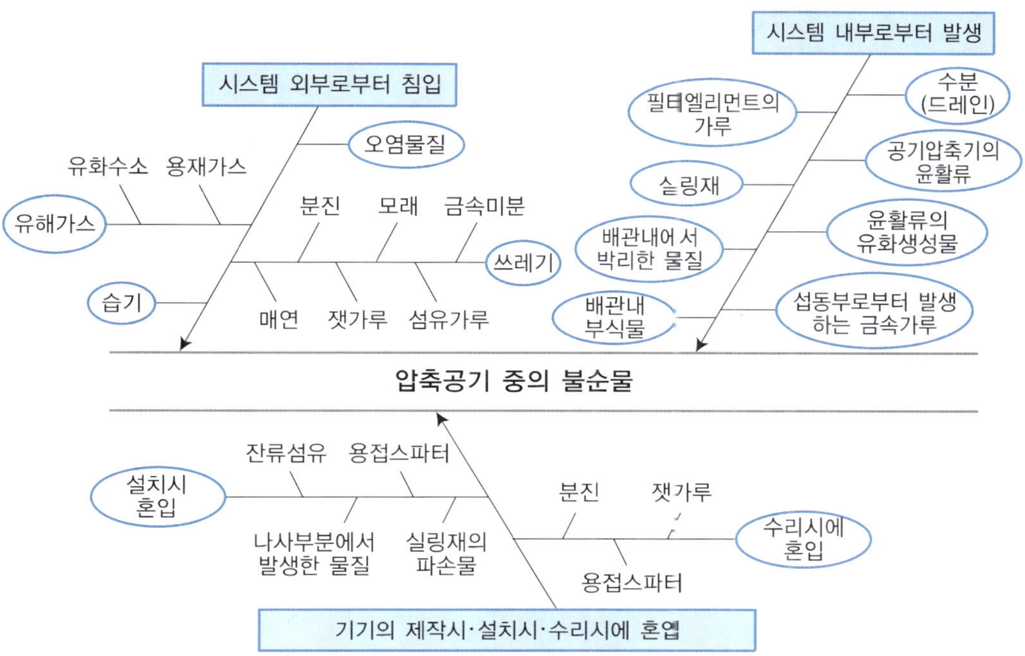

그림 10.16 압축 공기 중 오염물질의 혼입

표 10.4 오염물질이 공기압 기기에 미치는 영향

주요 불순물 / 공기압기기	수분(드레인)	공기압축기 등의 윤활유	산화생성물 (카본, 타르)	이물질
공기압 필터		• 엘리먼트 노화촉진 • 자동배출기능부품	• 엘리먼트의 압력손실 촉진 • 드레인 자동배출기능 불량	• 엘리먼트의 압력손실 촉진 • 드레인 자동배출 기능 불량
윤활기	• 윤활유의 노화	• 윤활유의 노화	• 오일적하 조정기능 불량	• 오일 적하 조정기능 불량
레귤레이터	• 밸브 섭동부분에 작용하는 압력조정 불량 • 녹 발생	• 밀봉재의 노화에 의한 작동 불량이나 실링 불량	• 밸브부가 고착하여 압력조정 불량	• 밸브부의 압력조정 불량 • 밸브시트부의 마모파손에 의한 공기누설 및 압력조정 불량
방향제어밸브	• 섭동부분 등의 윤활 불량으로 저항증대 • 패킹부의 이상 마모 또는 파손 • 파이롯트 통로 부분 작동 불량 • 녹 발생	• 밀봉재의 노화에 의한 작동 불량이나 실링 불량	• 섭동부에 부착하여 동작 불량이나 패킹류의 노화촉진	• 섭동부에 들어가 작동 불량이나 패킹류의 이상마모나 파손 • 파이롯트 통로를 막아 작동 불량
속도제어밸브	• 통로부분 압력손실 증가 • 동결에 의한 속도제어 불량 • 녹 발생	• 밀봉재의 노화에 의한 속도조정 불량	• 니들부에 부착하여 속도조정 불량	• 밸브부나 니들부가 막혀 속도조정 불량
실린더	• 섭동부분 등의 윤활 불량으로 저항증대 • 패킹부의 이상 마모 또는 파손 • 녹 발생	• 패킹류의 노화에 의한 작동 불량이나 실링 불량	• 섭동부에 부착하여 동작 불량이나 패킹류의 노화촉진	• 섭동부에 들어가 작동 불량이나 패킹류의 이상마모나 파손

10.4.2 필터류

압축 공기 중의 수분을 제거하는 것이 드라이어의 역할이지만, 압축공기중의 유분, 고형입자 등을 제거하기 위해서는 압축공기 라인에 각종 필터가 설치된다.

(1) 유분의 종류와 제거

사용되고 있는 공기압축기가 스크류형이던, 왕복동형이던, 급유식이라면, 토출 공기 중에 유분이 포함된다. 오일 프리 압축기에서도 흡입 대기 중에는 0.5ppm 정도의 유분이 포함되어 있을 수 있으므로, 비록 미량일지라도 유분의 존재는 피하기 어렵다.

압축 공기 중에 존재하는 유분은 입자경에 따라 다음과 같이 4종류로 분류할 수 있다.

① **오일 에어로졸** : 오일 에어로졸의 입자경은 대략 0.01～0.8μm 정도이며, 압축공기 중에 포함되어 있는 유분입자의 대략 99% 정도를 차지한다. 오일 에어로졸은 초미립자로 구성되어 배관 내에서 유막을 형성하게 되며, 이들이 떨어져서 에어로졸 화한다. 이러한 현상을 반복하면 관의 말단까지 유막으로 덮여지게 되며 오일 누설을 초래하게 된다. 입자경이 작고, 입자가 공기류의 방향과는 관계없이 임의의 방향으로 자유롭게 움직이는 브라운운동을 하기 때문에, 필터내의 미세한 섬유층에서 확산 접촉하여 포집된다. 이와 같은 오일 에어로졸의 포집양상을 그림 10.17에 도시한다.

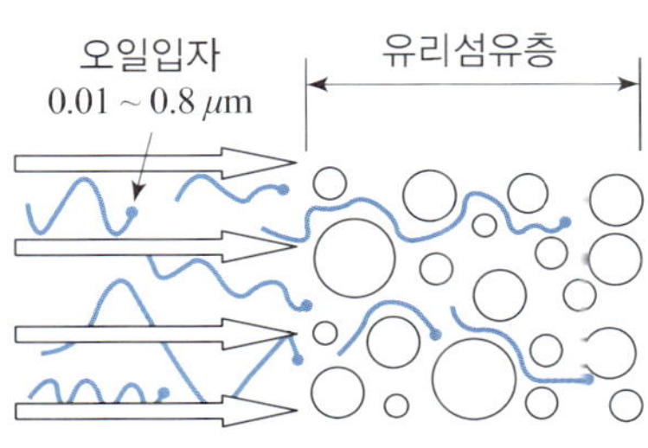

그림 10.17 오일 에어로졸의 프집

② **오일 Fog** : 입자경이 2～40μm 정도로, 오일 에어로졸끼리 합체하여 오일 Fog로 된다. 그림 10.18에 도시한 바와 같이, 이 입자들은 어느 정도의 무게가 있으므로, 공기류의 방향이 바뀌게 되면, 관성력으로 인하여 방향을 바꾸

지 못하고, 필터섬유에 관성 충돌하게 되어 포집한다.

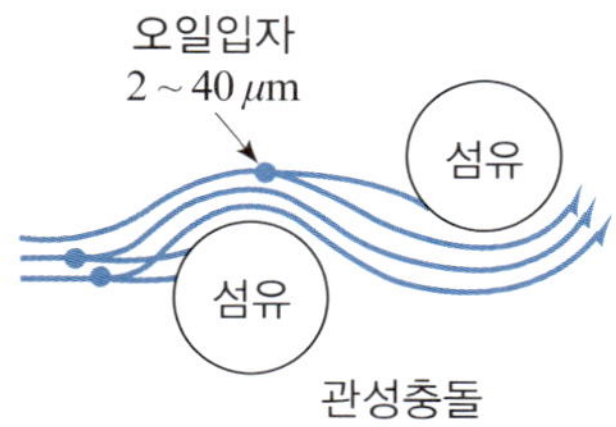

그림 10.18 오일 Fog의 포집

③ **오일 Mist** : 오일 Fog가 합체한 것으로, 입자경은 40～500μm 정도로 비교적 크다. 주로 액적으로 되어 있어서, 자신의 중량에 의한 흐름으로 필터섬유에 직접 충돌하여 포집된다. 이러한 직접충돌에 의한 오일 Mist의 포집양상을 그림 10.19에 도시한다.

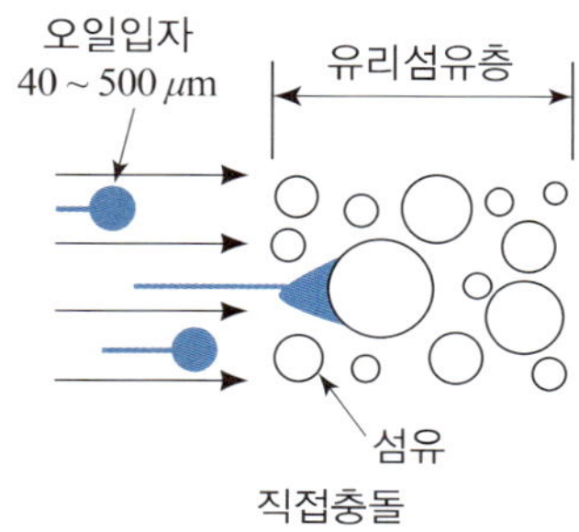

그림 10.19 오일 Mist의 포집

④ **오일 증기(Vapor)** : 압축 공기중의 유분이 열에 의하여 유증기로 되는 것으로, 입자경 0.0003～0.002μm 유분과 가스분자로 구성된다. 가스 분자에 대해서는 위에서 기술한 바와 같은 직접 포집은 불가능하며, 활성탄 등의 흡착제에 의해서만 제거할 수 있다. 오일증기는 압축공기의 온도가 높을수록 많아진다.

(2) 유분의 포집기구

유분의 포집분리는 기본적으로는 접촉부착 → 응집 → 중력침하의 과정을 거쳐 분리된다. 공기류에 동승하는 오일 입자는 유리섬유에 접촉하여 부착하며, 오일 에어로졸은 에어로졸끼리, 혹은 포집된 오일입자와 응집하여, 점차 액적으로 변하게 된다. 이러한 오일 액적은 성장하여, 자중에 의하여 중력 낙하하며, 필터 엘리먼트 하부로 침하한다. 결국 엘리먼트 외측의 플라스틱 Foam층에 포집되어, 오일 액으로 되어 분리된다. 이러한 유분의 포집상황을 그림 10.20에 도시한다.

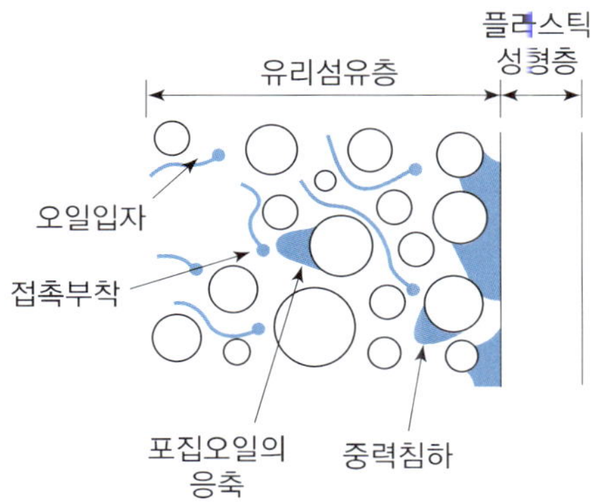

그림 10.20 유분의 포집기구

(3) 필터의 종류와 구조

그림 10.21에는 필터의 내부구조에 관한 일례를 도시한다. 프리 필터부에서 고형 입자를 제거하여, 필터의 수명을 연장한다. 마이크로 유리 섬유층에서 유분을 포집하며, 플라스틱 Foam 층에서 액적을 포집, 2차측으로 유분 유출을 방지한다.

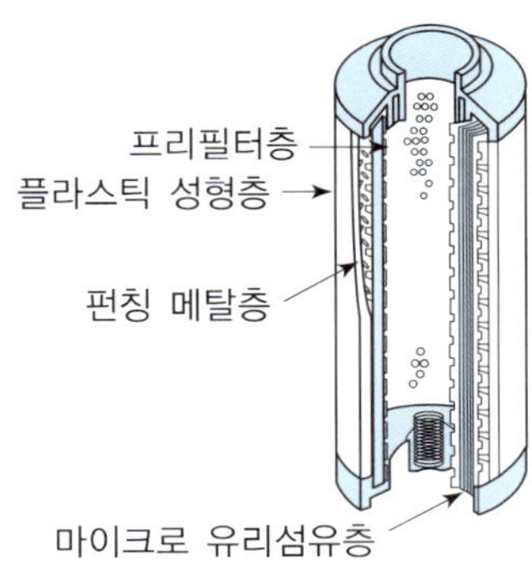

그림 10.21 필터의 내부구조

- **프리 필터** : 3µm 이상의 입자를 제거, 액적제거도 95% 정도 가능
- **오일 Mist 필터** : 요구 분리성능에 의하여, 2차측 유분 분리성능 $0.5mg/m^3$의 오일 Mist 필터와 $0.01mg/m^3$의 고성능 오일 Mist 필터가 있다.
- **활성탄 필터** : 유분 증기의 제거는 흡착제로서 틀 형태로 둘러싸인 입자상의 활성탄을 내장하는 활성탄 필터를 사용한다.

10.5 부대기기 계획 : 드라이어(Dryer)

건조기(Dryer, 드라이어)는 공기압축기의 토출 공기 라인에 설치하며, 압축공기중의 수분을 제거하여 필요한 건조공기로 만들기 위한 것이다. 최근에는 압축공기를 하이테크 등의 제어용도로까지 다양하게 활용하게 됨에 따라, 압축공기에 대한 요구 청정도도 높아지고 있다. 따라서 드라이어 장착비율은 그림 10.22에 도시한 바와 같이 높아지고 있으며, 거의 대부분의 사용자가 드라이어를 필요로 한다. 이러한 드라이어의 종류에는 냉동식, 흡착식, 중공사막식 드라이어가 있다.

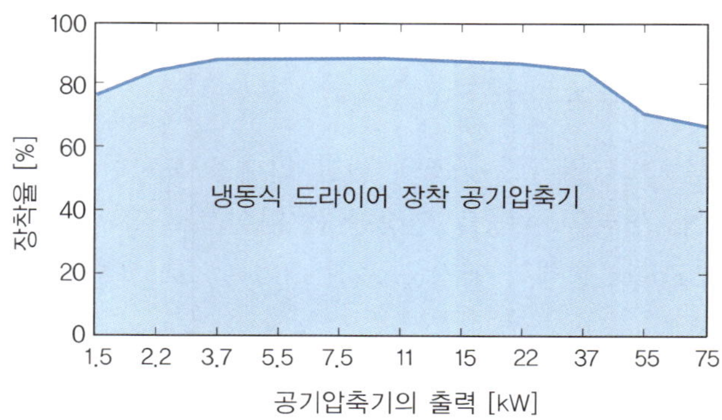

그림 10.22 공기압축기의 냉동식 드라이어 장착비율

10.5.1 냉동식 드라이어

(1) 제습방법

냉동식 드라이어는 압축공기를 저온의 냉매가스에 의하여 강제적으로 냉각하여 압축 공기 중에 포함된 수분을 응축시켜 배출하는 방식이다. 그림 10.23은 냉동식 드라이어의 구조를 보여준다. 그림에 나타낸 바와 같이, 압축기로부터 냉동식 드라이어에 유입하는 압축공기의 온도는 공랭식 압축기의 경우, 통상적으로 대기온도 +15℃ 정도이다. 최초로 전냉각기(Pre-Cooler)에서 저온 압축공기에 의하여 예냉되어 열교환기에 들어가게 되며, 내부에서 냉매가스와 열교환하여, 압력하에서 4～10℃(압력하 노점)으로 냉각된다. 냉각전의 드라이어로 유입하는 압축공기의 포화수증기량과 압력하 노점온도에서 포화수증기량의 차만큼의 응축 드레인이 발생하며, 일정 시간 간격으로 전자밸브 등으로 배출된다. 이러한 저온의 압축공기는 전냉각기 내로 유입해 오는 압축공기에 의하여 재가열되어 상대습도를 낮추어 라인으로 보내진다.

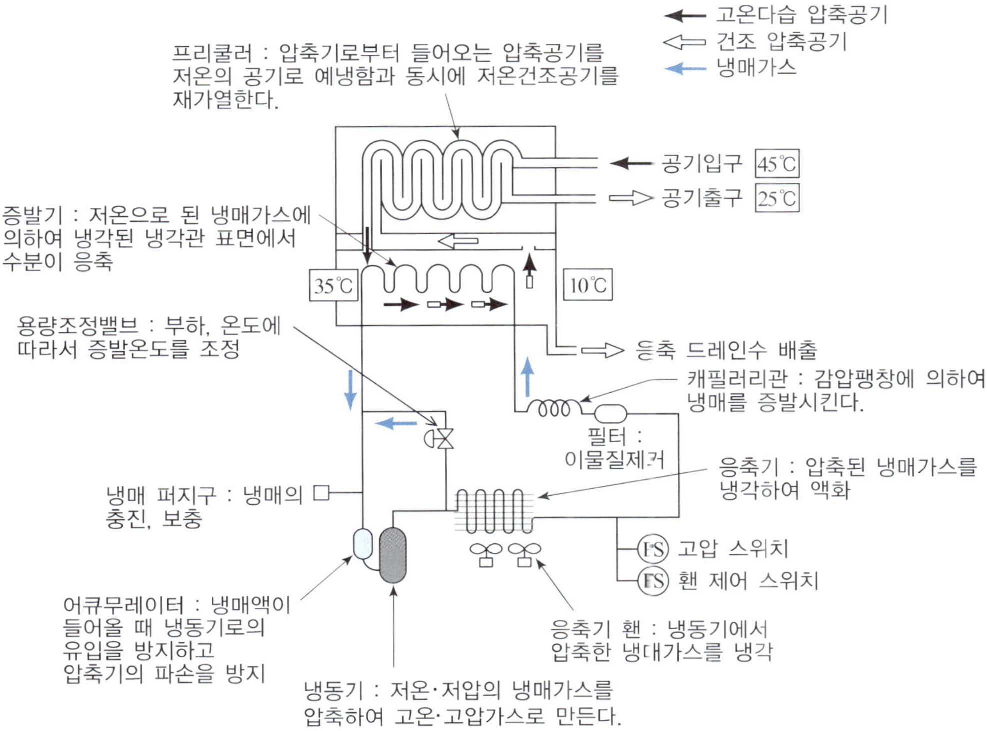

그림 10.23 냉동식 드라이어의 그조

공기 드라이어에 의하여 공급되는 압축공기의 노점은 부하의 대소에 따라 달라진다. 압축공기의 압력이 높을수록, 온도가 낮을수록, 유량이 작을수록, 또 주위의 공기온도가 낮을수록 부하가 작아지며, 노점은 낮아지게 된다. 그러나 반대의 경우는 부하가 크고, 노점은 높아지게 된다. 단위 질량당 공기 중에 포함되는 수증기는 온도가 같은 경우, 압력이 높을수록 적어지게 되며, 압력이 같은 경우에는 온도가 낮을수록 적어지게 된다. 또 주위의 공기 온도가 낮으면, 응축기로부터 방열효과가 높아지게 되며, 부하가 감소하는 것과 동일한 효과가 얻어진다.

따라서 2차측에서 요구되는 노점과 부하의 크기로부터 드라이어의 크기가 결정된다. 요구하는 노점은 공기를 사용하는 조건, 목적에 다라 달라지지만, 냉동식 드라이어의 경우, 노점은 가압하에서 10℃이하로 하는 것이 액적의 동결로 인해 곤란하다. 따라서 보다 낮은 노점을 필요로 하는 경우에는 흡착식 드라이어를 사용하는 것이 일반적이다.

열교환한 냉매가스는 냉동기에서 응축하여, 응축기에서 액화한 후, 캐필러리(Capillary)관 등에서 증발시켜 저온 냉매가스로서 밀폐회로를 순환한다. 이 경우, 소비동력은 공기압축기 소비전력의 3～5% 정도이다.

(2) 냉매의 종류

프론 냉매의 규제에 따라 5.5kW 이하의 공기압축기에 탑재되는 냉동식 드라이어에서는 HFC 냉매 R134a가 자주 사용된다. 또 7.5kW 이상에서는 HFC 냉매 R407c가 주류이며, 이 급에서는 HCFC 냉매 R22도 사용되지만, 2004년부터 생산이 제한되고 있어, 종래에 비하여 65%, 2010년 35%, 2015년에는 10%, 그리고 2020년에는 완전히 폐기하는 것으로 되어 있다.

(3) 냉동식 드라이어의 사이징

기본적으로 드라이어로의 부하는 열교환량에 의하여 결정되기 때문에, 요구노점의 고저의 영향은 물론 냉동식 드라이어로 유입하는 공기의 온도가 높을수록, 유입하는 압축공기의 압력이 낮을수록, 그리고 열교환기 내에서 통과속도가 클수록 냉동기로의 부하는 증가한다. 이들 요인에 의한 사이즈의 영향계수는 드라이어 제조사가 확보하고 있으므로, 이들 자료를 고려하여 냉동식 드라이어의 사이즈를 결정한다.

(4) 노점(Dew Point)

압력하에서 30℃ 대기온도, 유입 압축공기의 온도가 45℃인 표준적인 조건인 경우, 압력하 노점범위는 3~10℃이지만, 대부분 10℃로 되도록 선정하는 경우가 많다. 극소형의 공기압축기에서는 15℃를 압력하 노점으로 하는 경우도 있다.

압축공기를 사용하는 경우에 수분이 응축해서는 아니 되는 정밀기기제작, 고정도 기계가공 등, 공조상태를 엄격하게 유지하여야 하는 공장내에서 설정온도는 연간 거의 일정하게 유지되므로, 예를 들면, 23℃의 공조 설정이라면 동남아시아(외기온도는 41~42℃까지로 된다)나 하절기 등 외기온도가 상승하는 환경이라고 하더라도, 연간 가장 엄격한 사용조건, 환경조건에서 압력하 노점은 23℃ 미만이 되도록 설정할 필요가 있다. 실제적으로는 이 조건을 충족하도록 하면 제반 트러블의 발생은 줄어든다(그림 10.24 참조).

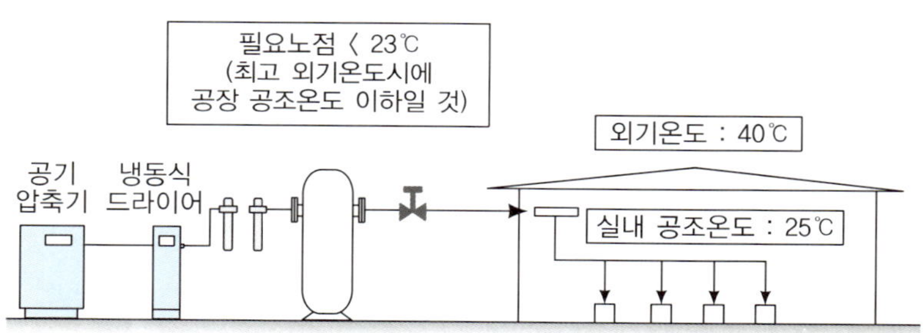

그림 10.24 냉동식 드라이어 노점의 상한

10.5.2 흡착식 드라이어

흡착식 드라이어에는 비가열 재생식(히트레스)과 가열 재생식 드라이어가 있으며, 가열 재생식은 배열드라이어와 피크가열 재생식 드라이어가 있다.

(1) 비가열 재생식 드라이어

그림 10.25는 비가열 재생식 드라이어의 구조를 보여 준다. 흡착제로 압축공기 중의 수분을 흡착하여 건조시킨 압축공기를 송출하는 흡착통과, 얻어지는 건조공기의 일부를 흡착제로 다시 흘려 보내, 건조시켜 흡착제를 재생시키고, 수분을 포함하는 재생용 공기를 대기로 퍼지하는 재생통의 2개의 통으로 구성된다.

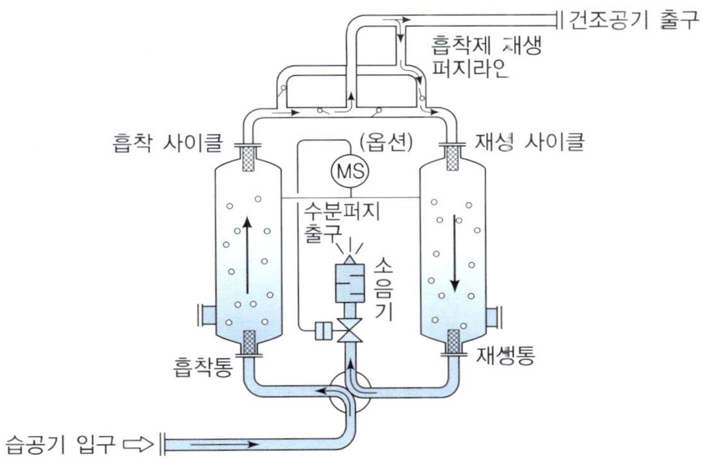

그림 10.25 비가열 재생식 흡착식 드라이어의 구조

일정 시간 간격으로 흡착통과 재생통을 교대로 운전시켜, 드라이어 기능을 하도록 하는 방식이다. 0.69MPa의 사용압력에서 재생공기의 소비량은 15~20%로 많으며, 에너지 효율적으로는 좋지 않기 때문에 대량의 공기량 건조처리에는 적합하지 않다. 또 요구되는 압력하 노점이 낮을수록 필요한 재생 소비공기량은 증가하게 되며, 압력하 노점은 대략 -20~-70℃ 정도이다.

(2) 가열 재생식 드라이어

① 배열드라이어 : 드라이 오일 프리식 스크류 공기압축기용으로는 압축기가 토출하는 고온의 압축공기를 이용하여 흡착제를 재생하는 압축기 배열이용 흡착

드라이어가 있으며, 2개의 통으로 구성되는 형식과 회전드럼식이 있다. 대개의 경우, 회전 드럼식이 많이 사용된다. 사진 10.1에는 회전드럼식 드라이어의 외관을, 그리고 그림 10.26은 회전드럼식 배열드라이어의 계통도를 보여준다.

사진 10.1 회전드럼식 배열 드라이어의 외관

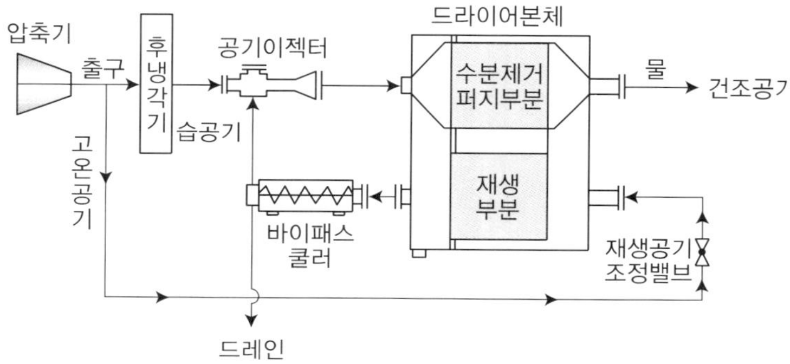

그림 10.26 회전 드럼식 배열 드라이어의 계통도

배열드라이어의 내부에는 세라믹을 하니컴상으로 성형하여 흡착제를 화학적으로 결합시킨 흡착드럼이 있으며, 원통단면의 일부를 구분하여 재생구역으로 한다. 여기에 압축기의 고온토출 압축공기(130~200℃)를 흘러 보내, 흡착제에 포함되는 수분을 건조시킨다. 이러한 재생용 고온공기는 바이패스 냉각기에서 냉각되어, 수분은 응축 드레인으로 배출된다. 수분배출후의 재생용 공기는 이젝터에 의하여 주공기류에 합류되어, 드럼의 흡착건조 구역에서 건조시킨다.

위와 같은 방식의 드라이어의 최대 특징은 대기로 퍼지하는 압축공기의 손실이 없고, 드라이 오일 프리식 스크류의 압축열을 이용하기 때문에, 가열에너지의 손실도 거의 없다. 따라서 성에너지 성능이 매우 우수한 것이 장점이다. 압력하 노점은 +10℃~-25℃ 정도이다.

② **히터 가열 재생식 흡착드라이어** : 그림 10.27에는 히터 가열 재생식 흡착드라이어의 구성을 나타내며, 대기로부터 흡인하는 공기를 전기히터나 증기히터로 고온으로 한 후, 재생 흡착 통으로 유입시킨다. 이때, 흡착제에 포함되어 있는 수분을 제거하여 대기로 퍼지하는 방식이다. 압력하 노점은 −20～−70℃ 정도이다.

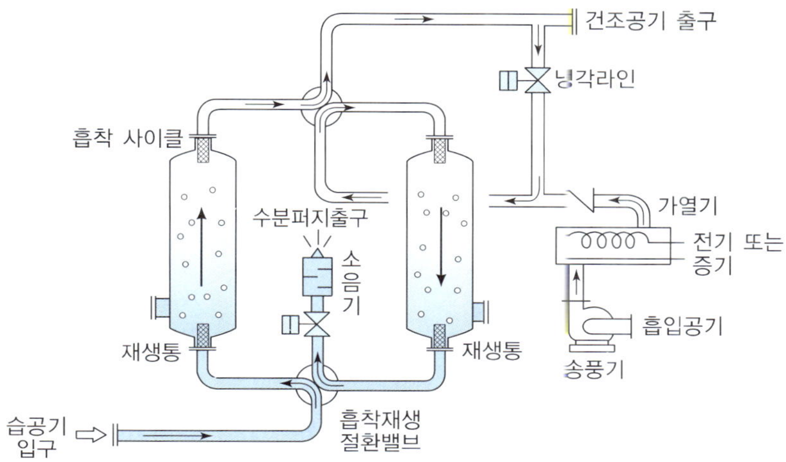

그림 10.27 히터 가열 재생식 흡착 드라이어

(3) Membrane 방식 드라이어

일명 중공사막 방식 드라이어로도 불리워지며, 고분자로 된 수증기만이 통과시키고, 공기분자는 통과시키지 않는 분리막을 이용하는 방식이다. 분리 능력은 막간의 수증기 분압차와 분리막 면적, 분리된 수분을 운반하여 대기로 퍼지하는 건조공기량에 비례한다. 이러한 방식은 비교적 소유량에 적합하며, 간편하게 설치할 수 있는 특징이 있어, 클린룸(Clean Room)등에 설치하여 국소적으로 노점을 낮추어 압축공기를 이용하는 응용에 적합하다.

구조적인 면으로부터 외중형식과 중외형식의 두 종류가 있으며, 그림 10.28에는 각각의 구조를 도시한다. 압력하 노점은 +10～−25℃ 정도이다.

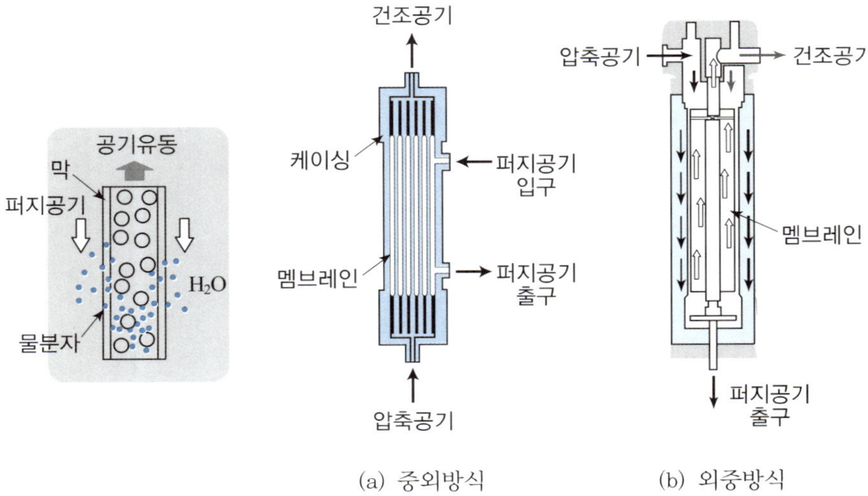

그림 10.28 멤브레인 방식 드라이어

(4) 습도등급과 드라이어 종류

공기 드라이어의 압력하 노점에 관해서는 표 9.2에 정리한 바와 같이, 압력하 노점등급이 정해지며, 이것에 적합한 공기 드라이어의 종류가 JIS B 8391-2:2000에 규정되어 있다. 표 10.5에는 공기 드라이어의 형식별 압력하 노점 등급을 요약한다.

표 10.5 압력하 노점등급과 공기 드라이어의 형식

드라이어 형식	노점등급						비고
	1	2	3	4	5	6	
흡착식	S	S	S	–	–	–	통상적으로 노점등급 4 이상에서는 사용하지 않음
냉동식	–	–	–	S	S	S	노점등급 3 이하에서는 부적합

(주) S는 적당

10.6 부대기기 계획 : 공기압 조정기기

공기압축기로부터 생성되는 압축공기 중에는 전술한 바와 같이 다양한 오염물질이 함유되어 있다. 따라서 시스템의 고장을 방지하기 위해서 청정압축공기를 만들 필요가 있으므로, 이를 위해서 일반적으로는 후냉각기, 필터, 공기 드라이어 등을 통과한 압축공기를 공기압 필터, 공기압용 감압밸브, 공기압용 윤활기를 경유하여 각 기기로 보내어 지게 된다. 이와 같은 3가지 공기압 기기를 1개조로 한 것을 통상적으로 공기압 조정유닛이라 하며, 통칭 FRL유닛이라고도 한다(그림 10.29 참조).

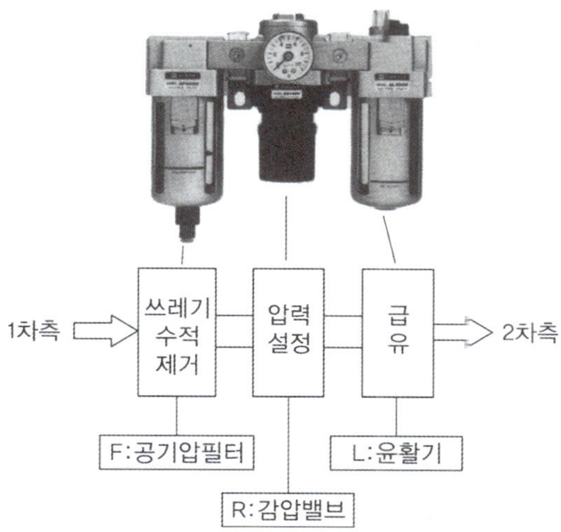

그림 10.29 공기압 조정유닛

10.6.1 공기압 필터

(1) 구조와 작동원리

그림 10.30에 도시한 바와 같이, 유입하는 공기는 원통상에 일정각도로 이루어진 다수의 날개열로 유동하며, 이 날개열을 통과하는 동안에 선회운동이 발생하게 된다. 따라서 무겁고 큰 먼지나 액적, 유분 등은 원심력에 의하여 벽에 부착하고, 자중에 의하여 낙하하여 케이스 하부에 모이게 된다. 그러나 작고 가벼운 먼지는 필터 엘리먼트에 포집되며, 청정 공기는 2차측으로 유동하게 된다. 필터 엘리먼트 하부에는 그릇 모양의 배플판이 있으며, 케이스 하부에 모인 오일이나 물의 혼합물이 위로

튀어 올라가지 못하도록 한다.

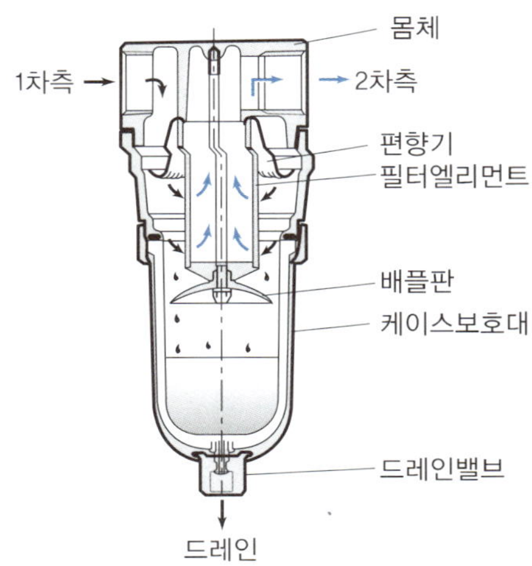

그림 10.30 공기압 필터

케이스 밑 부분에 축적된 드레인의 배출을 위하여 자동배출장치를 설치하면 편리하다. 그림 10.31에는 그 일례를 도시한 것으로, 부자를 이용하여 드레인의 축적을 관찰하기 위한 것이다. 통상적으로 케이스 내 압력에 의하여 피스톤이 상승하고, 배출구는 닫혀 있다. 그러나 케이스내 드레인이 많아져서 부자의 부력으로 상승해 있는 위치까지 가면, 노즐을 열어 피스톤을 아래로 밀어 내린다. 동시에 배출구가 열려 드레인을 배출하게 된다. 배출이 종료되면, 부자는 다시 내려가서 노즐을 막아, 드레인 배출구도 닫히게 된다.

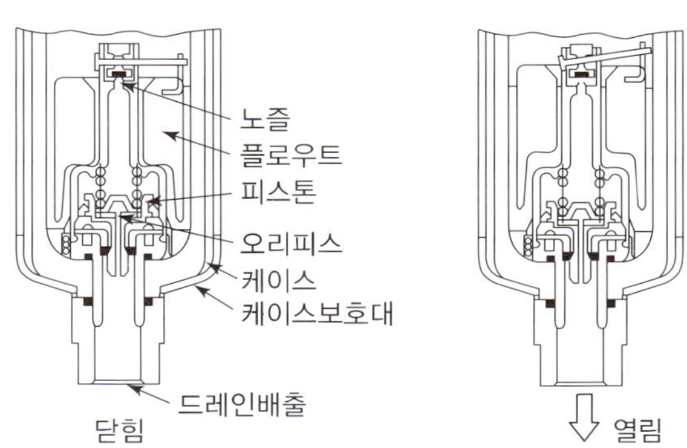

그림 10.31 자동 드레인 필터

(2) 필터 엘리먼트(Filter Element)

필터 엘리먼트로는 소결금속, 합성수지, 철망 등으로 구성되며, 소결 엘리먼트는 미소한 금속입자(청동)을 어떤 틀에 충진하여, 전기로로 가열하여 입자간의 접촉 부분만을 상호 밀착시켜, 많은 미세한 구멍의 여과층을 형성시킨 것이다. 그림 10.32에 도시한 바와 같이, 공기는 직선적으로 유동하지 않고, 꾸불꾸불하게 유동하게 되므로, 여과작용이 엘리먼트 표면이 아니라 내부에서도 이루어진다. 이에 반해 그림 (b)와 같이 리본상의 수지를 꼬아 모아서 형성시킨 형태나, 그림 (c)의 철망의 경우에는 구조상 공기는 직선적으로 유동하게 되므로, 여과작용은 표면에서만 발생한다.

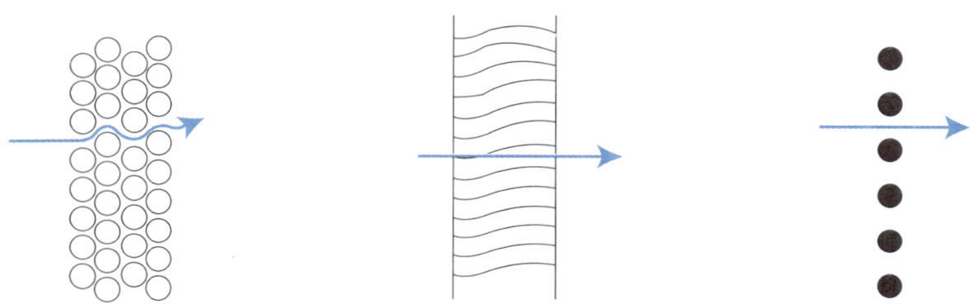

(a) 소결금속 엘리먼트 (b) 리본형 수지엘리먼트 (c) 철망 엘리먼트

그림 10.32 필터 엘리먼트

(3) 케이스

일반적으로 케이스는 압축공기의 유동, 드레인의 축적 정도 등을 관찰할 수 있도록 투명하게 하며, 기계적 강도가 비교적 큰 폴리카본네이드를 사용한다. 다만, 이 재질은 일부 화학약품(염산, 유산, 석유성분 등)에 약하그로, 이러한 환경에 노출되는 경우 균열이 잦아 파손되기 쉽다. 화학약품 등, 특수한 환경에서 필터를 사용하는 경우, 나이론제, 금속제 등의 케이스를 이용한다.

(4) 특성

필터의 특성으로서는 유량특성과 이물의 분리효과가 있다. 그림 10.33에는 유량특성을 나타낸 것으로, 필터를 통과하는 공기량과 압력강하와의 관계를 세 가지 압력에 대하여 나타내었다.

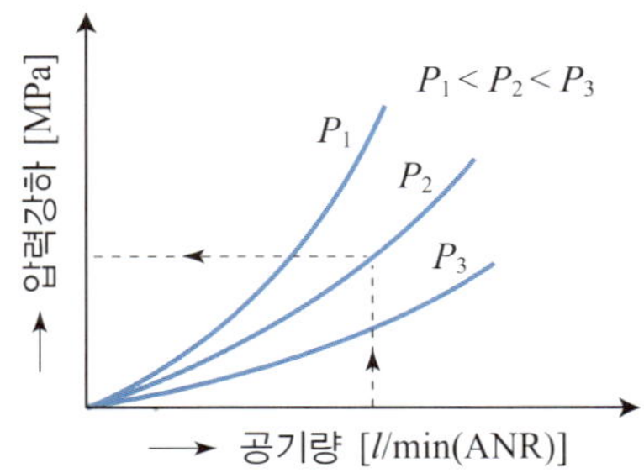

그림 10.33 필터의 유량특성

10.6.2 감압밸브

일명 레귤레이터(Regulator)라고 하는 감압밸브는 1차측의 압축공기의 압력을 감압하여, 2차측의 압력을 소정의 압력으로 유지하도록 조정하고, 동시에 1차측의 압력변동이나 2차측의 공기 사용량의 변동이 있더라도, 설정압력의 변동을 최소로 유지하는 기능을 가진다.

(1) 직동형 감압밸브

그림 10.34에 도시한 핸들을 돌려 조정 용수철을 압축하면, 스템을 누르게 되어 밸브 본체도 아래 방향으로 내려가게 된다. 이 때, 1차측의 압력이 2차측으로 전해지게 되며, 이 압력은 격막(Diaphragm)의 하측에 작용, 위쪽으로 힘이 발생하여, 조정 용수철의 압축력에 대응하게 된다. 2차측의 압력이 설정압력보다 낮은 동안에는 조정 용수철의 힘이 크므로, 1차측으로부터 공기의 유입이 유지되지만, 그 압력차가 작아져, 밸런스가 잡히면 격막은 다시 위쪽으로 올라가 밸브는 닫히게 된다.

- Relief 식은 어떤 원인으로 2차측 압력이 설정압력 이상으로 되면, 격막이 밸런스 위치로부터 더욱 위로 올라가게 되어, 스템 선단이 릴리프 밸브 시트로부터 떨어져서 2차측의 과잉압력은 대기 중으로 방출된다.
- Non-Relief 식은 릴리프 밸브 시트에 외부로 향하는 배기구가 없으므로, 2차측에서 공기소비가 없는 경우에는 2차측 압력을 낮출 수 없지만, 일반적으로는 2차측에서 전자밸브 등에 의한 배기를 수행하여 사용하는 쪽이 많아 자주 이용된다.
- Bleed 식은 릴리프 밸브 시트에 상시 압력을 낮출 수 있도록 구멍을 설치하여, 항상 소량의 공기를 방출시켜, 신속한 압력조정에 대응한다.

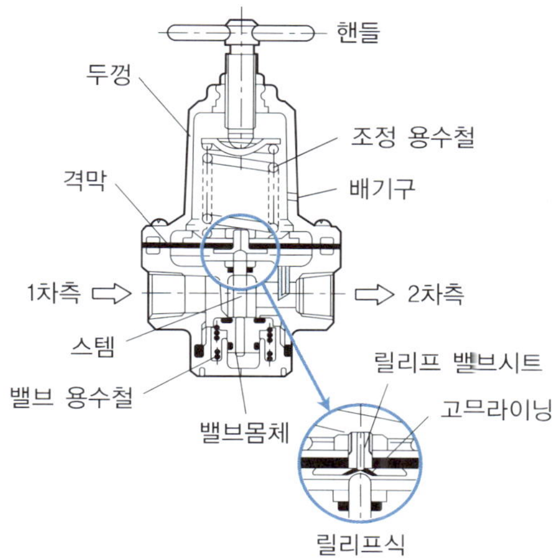

그림 10.34 직동형 감압밸브

(2) 첵밸브(Check Valve) 부착 감압밸브

첵밸브 부착 감압밸브는 그림 10.35에 도시한 바와 같이, 직동형의 1차측에 첵밸브를 설치한다. 이 밸브는 전자밸브와 실린더의 사이에 설치하여, 실린더 헤드측과 로드측에 압력차가 없는 경우에 사용한다. 1차측으로부터 2차측으로 공기가 유동하는 경우에는 첵밸브는 닫혀 있지만, 1차측의 공기를 배출하면 격막 아래의 압력이 이 첵밸브로부터 배출되므로, 설정 용수철의 힘으로 신속하게 열려, 2차측의 공기도 배출된다.

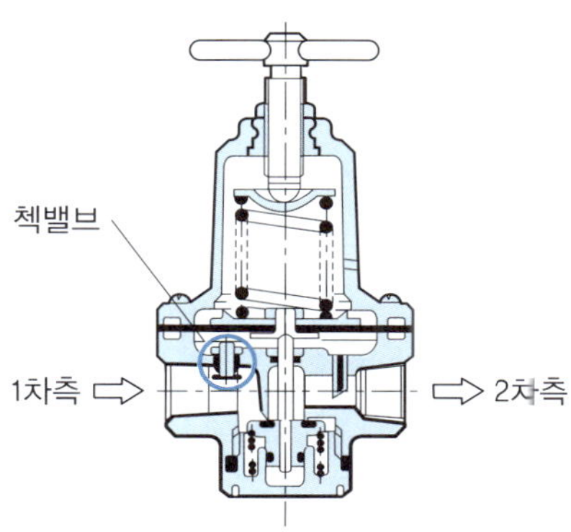

그림 10.35 첵밸브 부착 감압밸크

(3) 파이롯트형 감압밸브

그림 10.36에서 핸들을 회전시키면 조압 용수철이 압축되어, 구형밸브가 노즐을 막는다. 이때, 1차측으로부터 고정 교축부를 지나 노즐 배면에 작용하는 압력이 상승하게 되며, 격막 B에 작용하여 주 밸브를 아래로 내려, 1차측의 공기가 2차측으로 흘러 들어가게 된다.

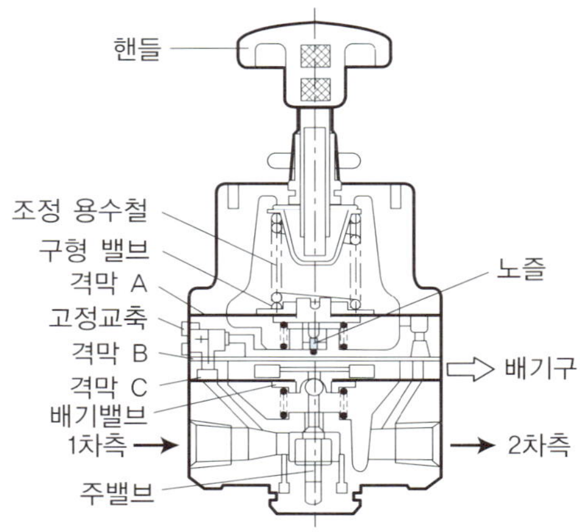

그림 10.36 파이롯트형 감압밸브

2차측의 압력은 격막 C의 아래 면에 작용하고, 격막 B의 발생력에 대응함과 동시에 격막 A의 아래 면에도 작용하여 조정용수철은 압축에 의하여 발생하는 힘에 대응하게 된다. 2차측의 압력이 지나치게 상승하게 되면, 격막 A가 위로 올라가 구형밸브와 노즐 사이가 열려, 노즐배압은 감소하고, 격막 B와 C가 위로 올라가게 되어 주 밸브는 닫히게 된다. 한편 배기구는 열려, 2차측의 여분의 압력은 대기 중으로 방출된다.

유량이 많아져서 직선형보다 우수한 정도가 필요한 경우, 예를 들면, 유량 변동폭이 큰 때에는 대용량이 적합하다. 그림 10.37은 그의 구조예로, 2차측의 압력은 피드백 구멍을 통하여 격막 A의 아래쪽으로 작용하고, 조정 용수철의 압축에 의한 압축력에 대응한다. 조정 용수철의 힘이 큰 경우에는 파이롯트 밸브가 아래로 밀려, 스템 중심의 통로를 통하여 유입되는 1차측 압력이 격막 B의 상면에 작용하게 되므로, 그의 발생력에 의하여 주 밸브가 열려, 대용량의 공기가 2차측으로 흘러 들어가게 된다.

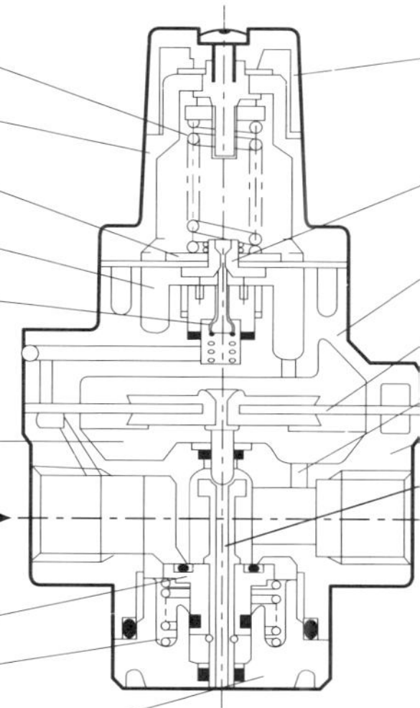

그림 10.37 파이롯트형 감압밸브의 구조예

2차측의 압력이 설정값을 넘으면, 격막 A가 다시 밀려 올라가게 되므로, 2차측의 여분의 압력은 배기밸브로부터 대기로 방출된다. 더욱이 격막 B의 위쪽으로 작용하고 있던 압력도 감소하게 되므로 주 밸브는 닫히게 된다. 이와 같은 파이롯트 밸브 기구의 작동에 의하여, 큰 용량의 주 밸브가 조작되어, 조압작용이 이루어진다.

(4) 감압밸브의 유량특성

감압밸브의 조압작용은 조절용수철의 압축에 의하여 발생하는 힘과 이에 반대방향으로 작용하는 2차측의 압력이 격막을 사이에 두고 밸런스를 취하게 된다. 이 경우 어떤 공기량을 흘려보내기 위해서는 밸브 본체가 열려 있어야 하며, 그 개구도는 유량에 비례한다. 밸브가 열리면, 격막의 위치는 아래로 내려가므로, 조정용수철의 압축력은 약간 감소하게 된다. 이로 인하여, 밸런스 상태가 변하여, 2차측의 압력에도 변화가 생기게 된다. 이러한 관계를 나타낸 것이 그림 10.38이다. 유량이 변화해도 항상 일정의 2차측 압력이 유지되는 것이 이상적이지만, 현실적으로 어려우므로, 조금이라도 변동량을 억제하고자 하는 경우에는 파이롯트형을 사용하여야 한다.

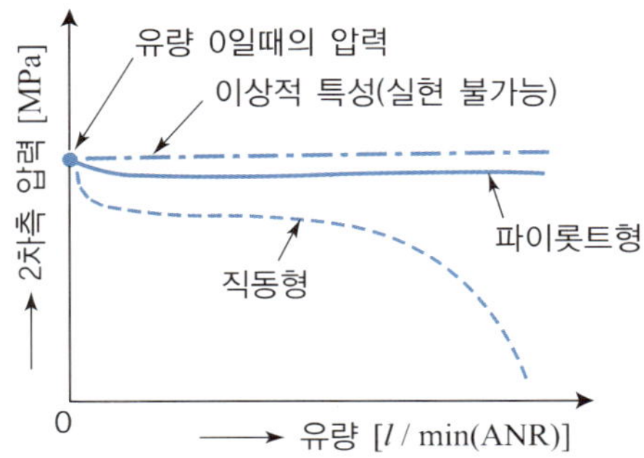

그림 10.38　감압밸브의 유량특성

(5) 감압밸브의 압력특성

2차측 압력의 변동은 유량뿐만 아니라 압축기의 압력변동 등에 의하여 발생하는 1차측의 압력변동에 의해서도 나타난다. 이러한 관계는 그림 10.39에 도시한 바와 같으며, 이것을 압력특성이라고 한다. 유량이 변화해도, 항상 2차측의 압력이 일정하게 유지되는 것이 이상적이다.

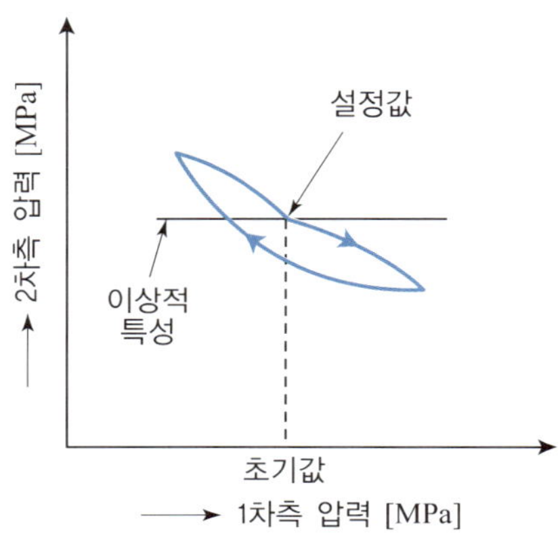

그림 10.39　감압밸브의 압력특성

10.6.3 윤활기(Lubricator)

실린더, 모터 등의 섭동부를 가지는 기기는 그 움직임을 윤활하기 위해서 윤활유를 적정하게 공급하여야 한다. 이들 기기는 거의 대부분 가압된 공기가 작동하고 있으므로, 외부로부터 단순히 급유할 수 없으며, 윤활기(오일러라고도 한다)를 관로 중에 배관하여, 윤활유를 미세하게 분무상태로 하여 공기 중에 혼합하는 방법이 이용된다.

(1) 전량식 윤활기

윤활기중에서 가장 일반적으로 자주 사용되는 형태로, 통상 필터, 감압밸브 하류에 설치하며, 발생한 오일 분무를 모두 2차측으로 보낸다. 고정식은 차압 발생기구로서 고정저항을 이용하는 것이므로, 통과공기유량 Q와 교축부 전후의 차압 ΔP의 관계는 $Q \fallingdotseq K\sqrt{\Delta P}$ (K : 비례상수)로 표현된다. 윤활유량은 이 ΔP에 거의 비례하게 되므로, 공기유량과 오일 유량의 관계도 동일한 식으로 표현할 수 있다. 그림 10.40에는 이 관계를 나타낸 것으로, 2차 곡선으로 나타남을 알 수 있다. 공기유량의 변화에 대하여, 오일유량의 변화비율이 크므로, 유량변동이 큰 경우는 공기 중의 윤활유 농도도 크게 변동한다. 따라서 윤활유 농도를 거의 일정하게 유지시킬 수 있는 것이 가변식이다.

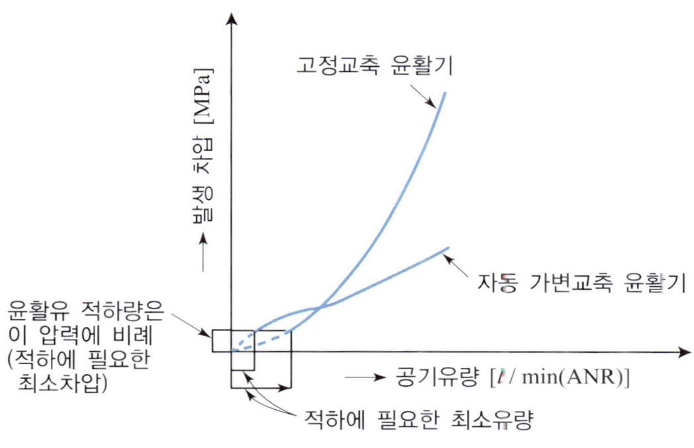

그림 10.40 전량식 윤활기의 특성

이러한 가변식은 공기유량의 변동에 대하여, 자동적으로 저항값이 변화할 수 있는 기구를 채용하고 있으므로, 공기유량과 발생차압(오일유량)의 관계는 직선적으로 된다. 따라서 윤활유의 농도도 거의 일정하게 유지할 수 있다. 또 윤활기가 분무를 개시하기 위해서는 어떤 최소차압이 필요하게 되지만, 그림 10.41에 도시한 바와 같이, 가변식이 고정식보다도 적은 공기유량으로 최소 차압에 도달하게 되므로, 비교적 소유량의 경우에 적합하고 사용 가능한 범위가 넓다.

그림 10.41은 가변식 차압 발생기구를 가지는 전유량식 윤활기의 구조를 도시한다. 강성체로 혀(舌)상의 가변교축부(댐퍼)를 만들어, 본체 교축부(벤츄리)와 조합한다. 공기유량이 적은 경우에는 댐퍼의 변형량이 적으므로 공기저항이 비교적 크지

만, 유량증가에 따라 댐퍼의 변형량은 점점 증가한다. 이러한 가변 교축부 전후에 압력차 ΔP가 발생하여, 1차측 압력은 첵밸브를 통하여 케이스내 오일면을 가압하게 된다.

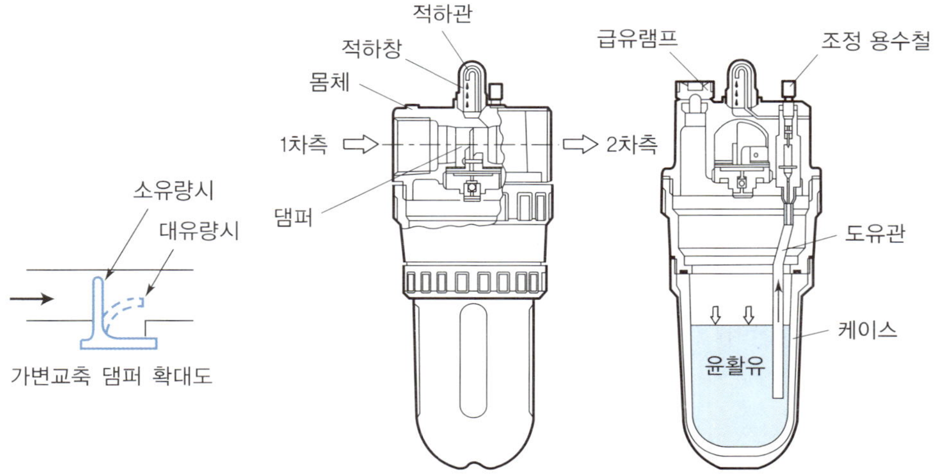

그림 10.41 전량식 윤활기의 구조

한편 오일이 떨어지는 것을 관찰하기 위한 창 부분은 가변 교축부 배후에 연결되며, 이 부분의 압력은 1차측보다도 낮으므로, 윤활유는 도유관을 통하여 밀려 올려지게 되므로, 유량조절용 용수철과 관을 거쳐 오일이 떨어지게 된다. 이 경우, 작은 구멍으로부터 분부상으로 되어 공기 중에 혼입한다. 또 케이스로 윤활유를 보급하기 위한 급유밸브를 열면, 케이스 내는 대기압으로 되므로 첵밸브가 작동하여 1차측 압력을 차단한다. 이로 인하여, 작동상태를 유지한 채 급유할 수 있다.

전유량 윤활기의 특성으로서 유량특성과 적하 최소공기량이 있다. 유량특성은 윤활기를 통과하는 공기유량과 이것에 의하여 발생하는 압력강하(그림 10.40에서는 발생차압으로 표시)와의 관계이다. 적하 최소공기유량은 그림 10.40에 도시한 바와 같이, 그 윤활기가 윤활유의 적하를 개시하는데 필요한 차압을 발생시키기 위한 공기유량이다. 이 유량은 1차측 압력에 따라 변화하며, JIS에서는 매분 5방울 정도 적하시키는 유량을 기준으로 정하고 있다.

(2) 선택식 윤활기

그림 10.42는 선택식 윤활기의 구조를 도시한다. 유입한 공기는 가변 교축부를 통과하여 유동하며, 여기에서 발생하는 차압에 의하여 케이스 내의 윤활유는 도유관을 통하여 밀려 올라가게 된다. 그 후 조절용수철에 의하여 유량을 조절한 후, 적하관

으로 부터 적하하게 된다. 전량식과 관이 공기류에 직접 혼입하지 않고, 별도로 설치한 노즐로 흘려 떨어지도록 되어 있다. 이 노즐의 주위에는 주 공기류의 일부가 유입하여 공기류에 의하여 분부되어 노즐내 오일이 빨려 나가게 되어 미세한 미스트로 된다. 이러한 오일 미스트는 케이스내 공간으로 방출되어, 입자경이 큰 것은 오일면으로 낙하하게 되므로, 미세한 입자들만이 부유하여, 주 공기류에 혼입되어 2차측으로 보내진다.

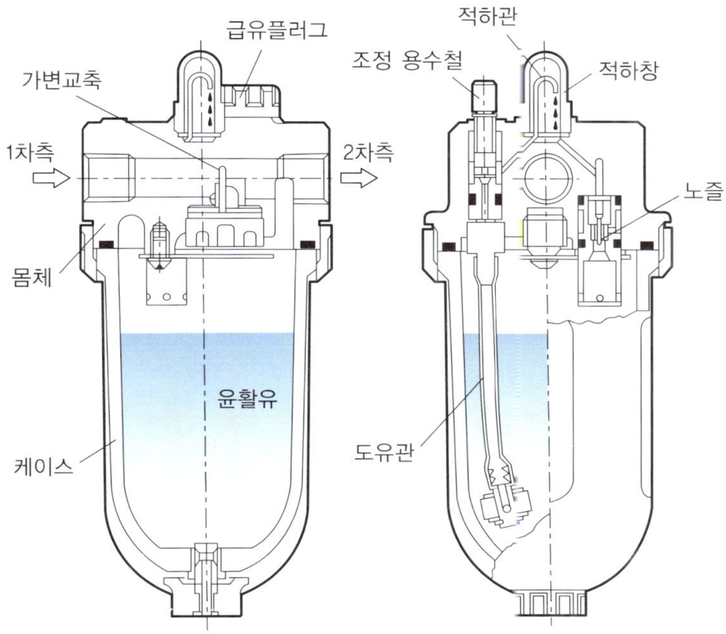

그림 10.42 선택식 윤활기

(3) 윤활유

윤활기에 공급되는 윤활유는 공기압축기의 마모, 탈열, 패킹류의 팽창이나 축소 등이 발생하지 않도록 터빈유 ISO VG32를 사용한다.

10.7 배관계의 계획

10.7.1 압력손실의 저감

(1) 압축공기의 청정화와 기기압력손실

공기압축기로부터 토출되는 압축공기를 사용자가 요구하는 품질로 만들기 위해서는 사용목적에 맞추어 압축공기의 청정화가 필요하다. 이러한 청정화를 위해서는 설비기계를 순조롭게 가동시켜, 불필요한 보수비용을 발생시키지 않는 것이 필요한 반면, 기기비용의 증대, 압력손실의 발생에 의한 전력비 증대로도 연결될 가능성이 있다. 기기사양은 아래와 같은 항목을 충분히 검토하여 선정하여야 한다.

- 설비, 기계가 요구하는 사양을 만족하고 있는가?
- 과도한 사양으로 되어 있지 않은가?
- 정기교환부품, 정기정비 비용 등은 어느 정도인가?
- 초기차압, 교환시 차압, 관리차압은 어느 정도인가?
- 위의 각 차압에서 전력비의 차는 어느 정도인가?
- 필터, 드라이어의 설치가 적절한가?

필터, 흡착식 드라이어는 시간 경과와 함께 압력손실이 증가하게 된다. 대개의 경우 제조사의 권장 교환차압이 규정되어 있지만, 0.1MPa의 압력손실로, 압축기의 소비전력은 7%정도 증가하기 때문에 전체에서의 압력손실 증대와 소비전력 증가를 감안하여, 각 기기의 교환관리차압을 결정할 필요가 있다. 그림 10.43에는 공기압축기 본체로부터 사용말단에 이르기까지의 각종 필터의 설치 예를 도시한다.

배관 압력손실을 포함하여, 전체의 압력손실 증대를 방치하게 되면, 공기압축기 원압이 Unload 개시압력을 초과하게 되므로, 공기량이 필요한데도 불구하고 Unload 하게 되며, 말단에서 필요로 하는 압력으로 되지 않고, 더욱이 공기압축기를 증설하여 점점 압력손실이 증가하게 되는 악순환이 발생할 수 있다. 따라서 안정조업, 성전력 면으로부터 압력손실의 관리는 매우 중요하다.

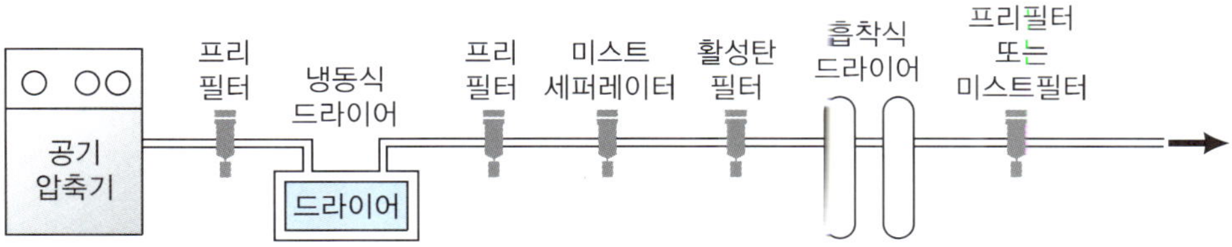

기기	프리 필터	냉동식 드라이어	프리 필터	오일 미스트필터	활성탄 필터	흡착식 드라이어	프리 필터	총압력 손실
초기차압	0.005	0.02	0.005	0.02	0.005	0.02	0.005	0.08 MPa
교환기준	0.07	0.02	0.07	0.07	0.005	0.02	0.07	0.325 MPa
전장비의 필요한 청정공기 용도 관리차압	0.035	0.02	0.035	0.035	0.005	0.02	0.035	0.185 MPa
도장 등 일반적 청정공기 용도 관리차압	불필요	0.02	0.035	0.035	불필요	불필요	불필요	0.185 MPa

그림 10.43 각종 필터의 설치예

압축공기 라인 전체의 압력손실의 관리를 위해서 그림 10.44와 같은 기준을 작성하여 두면, 관리하기가 용이해 진다.

위치	압축기 원압	드라이어후	프리 필터후	미스트 필터후	헤더후	배관 100m후	배관 200m후	배관 300m후
초기압력 [MPa]	0.69	0.67	0.665	0.645	0.64	0.633	0.626	0.619
관단압력 기준[MPa]	0.69	0.67	0.635	0.6	0.595	0.588	0.581	0.574

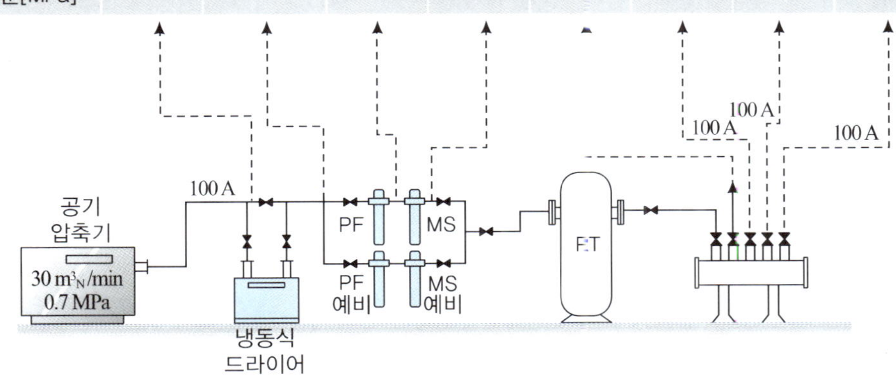

그림 10.44 배관 압력손실의 관리

(2) 배관 압력손실의 계산

토출배관 도중의 압력손실은 배관, 밸브, 이음새 등 각각에서 발생하는 압력손실의 합이며, 이러한 압력손실을 계산하는 경우에는 밸브, 이음새를 배관 상당 길이로 환산하고, 라인도중의 필터나 드라이어 등의 기기에서 발생하는 압력손실은 각 기기별로 손실을 구한 다음 합계로 구한다.

일반적으로 배관 압력손실 ΔP는 다음의 식으로 구한다.

$$\Delta P = C_r \cdot L_p \cdot Q_N \cdot \frac{P_N}{P_d} \tag{10.18}$$

여기에서,

L_p : 배관길이 [m]

ΔP : 배관압력손실 [MPa]

C_r : 단위길이 (1m)당 저항계수(표 10.6 참조)

Q_N: 배관내 공기유량 [m^3/min]

P_N : 표준대기압력 [0.1013MPa]

P_d : 배관내 압력 [MPa]

배관 도중의 밸브, 이음새 등은 표 10.7을 이용하여 환산한다.

배관 계획시 엘보우, 밸브, 티 등은 큰 압력손실의 원인으로 되기 때문에, 불필요하게 많이 설치해서는 안된다. 또 글로브 밸브와 게이트 밸브를 비교하면, 게이트 밸브쪽이 압력손실 면에서 훨씬 유리하다. 특히 직각형 글로브 밸브에서는 게이트 밸브의 약 30~40배 정도 저항이 크기 때문에 설치에 주의가 필요하다.

표 10.6 배관 1m당 저항계수 C_r

관경	$\frac{1}{8}$B	$\frac{1}{4}$B	$\frac{3}{8}$B	$\frac{1}{2}$B	$\frac{3}{4}$B	1B	$1\frac{1}{4}$B	$1\frac{1}{2}$B
C_r	0.727	0.137	2.92×10^{-2}	9.35×10^{-3}	2.28×10^{-3}	7.03×10^{-4}	2.04×10^{-4}	9.81×10^{-5}
관경	2B	$2\frac{1}{2}$B	3B	4B	5B	6B	8B	
C_r	3.10×10^{-5}	9.34×10^{-6}	4.08×10^{-6}	1.14×10^{-6}	4.02×10^{-7}	1.77×10^{-7}	4.68×10^{-8}	

표 10.7 배관 이음새의 배관 상당길이 환산표

공칭관경	게이트밸브	45°엘보우	90°엘보우	티	티	글로브밸브
20A($\frac{3}{4}$B)	0.2	0.3	1.3	0.3	1.4	7.3
25A(1B)	0.3	0.4	1.6	0.5	1.6	8.8
40A(1$\frac{1}{2}$B)	0.4	0.7	2.3	0.7	2.5	12.8
56A(2B)	0.5	0.8	2.6	1.0	3.2	16.5
65A(2$\frac{1}{2}$B)	0.5	1.0	2.9	1.2	4.0	18.9
80A(3B)	0.6	1.2	3.4	1.5	5.3	24.4

(예) 50A 배관 중에 게이트밸브가 1개, 글로브 밸브가 1개 설치되어 있는 경우에 압력손실은 0.5 + 16.5 = 17m로, 50A 직관 17m에 상당하는 압력손실이 발생한다.

(3) 배관경의 선택

배관경은 공사비, 압력손실의 밸런스, 장래 공기압축기의 증설 등을 예견하여 관내 유속이 과도하게 크지 않도록 선정하는 것이 필요하다. 표 10.8에는 공기배관 압력손실을, 표 10.9에는 배관압력 0.6MPa에서 발생하는 배관 길이 10m당 압력손실을 계산한 것으로, 경제적인 배관경 선정의 일례를 보여준다.

(4) 압력손실의 점검

기설공장에서 주관 이하 여러 배관, 지관 등에서 발생하는 압력손실을 계산으로 도출하는 경우, 유량변동이 발생하기 때문에 실제의 유량을 어떤 적절한 방법으로 계측하지 않으면 계산이 곤란하게 된다. 이를 위해서는 배관 요소에 압력계를 설치하던지, 접속 카플러를 설치하여 압력손실을 실측한다. 측정은 공기유량이 최대로 되는 때에 실시하는 것이 가장 바람직하다.

표 10.8 공기배관 압력손실표

공기량[m³/min] \ 관경	공칭관경					
	20A $\frac{3}{4}$B	25A 1B	40A $1\frac{1}{2}$B	50A 2B	65A $2\frac{1}{2}$B	80A 3B
0.5	0.118					
1	1.284	0.088				
2	0.706	0.216	0.029			
3		0.372	0.049			
4		0.539	0.078	0.020		
5		0.715	0.098	0.029		
6			0.127	0.042	0.010	
7				0.049	0.020	
8				0.059	0.020	
9				0.069	0.020	
10				0.078	0.020	0.010
12					0.029	0.010
20						0.029
25						0.029

(주1) 초기압력 0.69MPa의 공기를 관길이 1000m 정도 통과시킨 경우의 압력강하[MPa]
(주2) 공기량은 대기압으로 환산한 량임
(주3) 0.69MPa, 5.0m³/min의 유량을 50A관경, 길이 1000m 정도 통과시킨 경우, 출구압력은 저항손실이 0.03MPa로 됨, 출구압력 = 0.69 − 0.03 = 0.66MPa임

표 10.9 배관 10m당 압력손실 압력손실표

관경	배관경	$\frac{1}{2}$B	$\frac{3}{4}$B	1B	$1\frac{1}{2}$B	2B	$2\frac{1}{2}$B	3B	4B	6B	8B
경제배관	유량 [m^3_N]	0.5	1	1.5	4	7	13	20	30	80	100
	ΔP/10m [kPa]	4	3.4	2.1	2.1	1.4	1.4	1.3	0.7	0.6	0.5
최대유량	유량 [m^3_N]	1.8	3.1	5.2	11	15.4	22.3	31.4	53.5	100	117
	ΔP/10m [kPa]	44.9	29.6	21.8	11	6.5	3.7	3	2.1	1	0.7

(주) 배관압력은 0.6MPa

10.7.2 적정배관 계획

(1) 배관내 응축수 드레인 트러블

배관 라인에서 응축수 드레인의 발생은 각종 트러블의 원인으로 된다.

- 도장 : 수분에 의한 핀홀이나 얼룩발생
- 샌드 블라스트 : 제품에 녹 발생
- 분체수송 : 지관의 막힘이나 품질저하
- 공기기기 : 수분 부착에 의한 오작동
- 큰 배관압력 손실의 발생

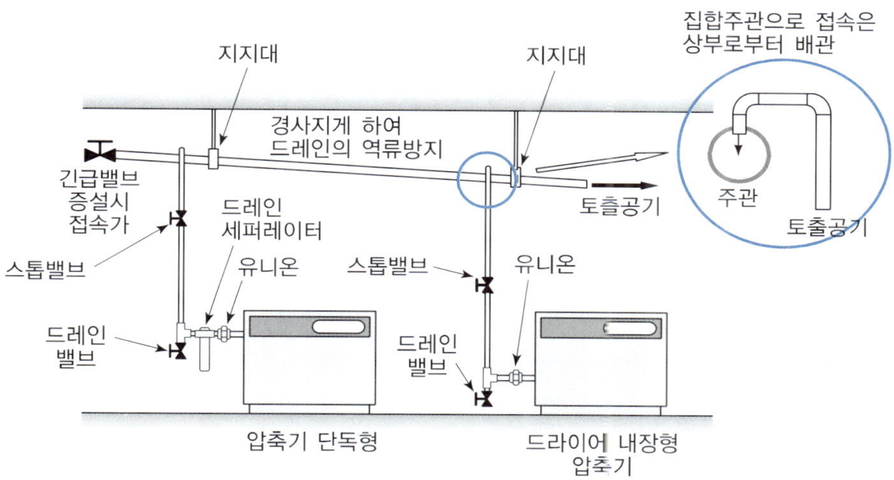

그림 10.45 배관설치시 주의점

(2) 드레인 트러블 방지

위와 같은 트러블을 방지하기 위해서, 일반적으로는 그림 10.45에 도시한 바와 같은 방법을 배관시에 고려할 필요가 있다.

- 주관은 드레인이 흘러가기 쉽도록, 상류로부터 하류를 향해 배관시 1/100~1/150 정도 경사지게 설치한다. 주관의 최종단부에서는 자동 드레인 트랩을 설치한다.
- 주관으로부터 지관을 빼낼 때는 드레인이 침입하지 않도록 상부로부터 빼내도

록 한다.

- 지하 매설배관은 드레인이 발생하기 쉬우므로, 녹 부착 등에 의한 공기누설, 압력손실 증대의 원인으로 될 수 있으므로, 드레인 배출에 각별히 주의가 필요하다.
- 수직 상향배관 하부에는 드레인 배출 트랩을 설치한다.

위와 같은 트러블을 근본적으로 해결하기 위해서는 드라이어 내장형 공기압축기를 설치하던지 압축기 출구에 드라이어를 설치한다.

10.7.3 배관 공기누설의 방지

압축공기는 제조비용이 높으며, 압축공기의 압력에 의존하여 달라지지만 대략 36원/m^3 정도 추산되므로, 배관으로부터 누설은 공장의 성에너지를 추진하는데 있어서 매우 중요한 과제이다. 허용할 수 없을 정도로 큰 공기누설은 다음과 같은 상황에서 발생한다.

- 누설음이 발생한다.
- 누설부에 손을 데면, 누설을 확인할 수 있다.
- 부근의 벽 등이 검게 변색되어 있다.

위와 같은 경우에는 즉시 개선이 필요하며, 누설방지 개선을 실시하기 곤란한 상황은,

- 설비기기의 내부누설
- 설비기기의 내부 체결부분으로부터 미량의 누설
- 밸브, 전자밸브 등의 누설

등으로, 각 누설량을 파악하는 것이 쉽지 않다.

누설량은 공장 전체 공기사용량의 10～20%까지 달할 수 있다. 이러한 누설 공기량을 파악하는 데에는 공장운전을 정지하고 있는 기회를 이용하여, 특정의 압축기를 수 십분 간 운전시켜, 운전 부하율로부터 개략적으로 파악하는 것이 가능하다.

(1) 흡입교축 방식의 급유식 스크류 공기압축기

흡입 진공도를 계측한다. 토출밸브를 완전히 개방한 때, 100% 상태에서의 흡입 진공도를 측정한다(-1～-2kPa정도). 다음으로 토출밸브를 완전히 닫은 상태에서 유

량이 0%인 때의 진공도를 계측한다(−90kPa 전후).

그림 10.46과 같은 그래프를 작성하여, 공압기기의 완전 정지, 그리고 토출밸브를 완전히 개방하여, 흡입압력의 진공도를 측정한다. 그림으로부터 누설공기량을 구하며, 이러한 방법에서는 상당히 정확하게 누설량을 파악할 수 있다. 또 다소 정확도에서는 떨어지지만, 다른 간편한 방법으로 전류값을 위와 같은 방법으로 측정하여 그래프를 작성하여 누설량을 구해도 된다.

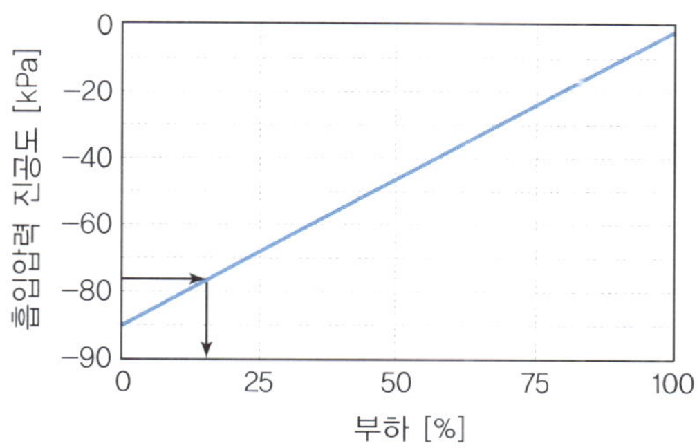

그림 10.46 흡입압력 진공도에 의한 누설 공기량 추정

(2) Load/Unload형의 공기압축기

퍼지형 급유식 스크류, 오일 프리식 스크류, 왕복동 등의 공기압축기에서는 측정 시간 중 100% 운전, 0% 운전의 시간비율로 누설량을 추정한다.

(3) 특정 압축공기 라인의 누설공기량 파악

누설 공기량을 특정라인에서 정확하게 파악하기 위해서는 소형의 유량계(Digital Flow Switch 등)를 이용한다. 누설량은 변동하므로, 수개월 간격으로 정기적으로 측정하는 것이 좋다.

10.8 환기대책

공기압축기가 설치된 실내는 압축기로부터 발생하는 열로 실내온도가 상승하게 된다. 따라서 온도가 상승한 공기를 환기에 의하여 실외로 배출할 필요가 있으며, 이 경우 필요한 환기 풍량은 압축기로의 전력의 대소, 공랭/수냉의 냉각방식의 차에 따라 달라지게 된다.

10.8.1 전체환기

(1) 공랭식

필요한 환기풍량은 다음과 같이 계산하며, 그림 10.47에서 설명한다.

흡입구로부터 유입한 온도 T_a의 외기 Q_v는 전체 환기방식의 경우, 공랭식 공기 압축기로부터 방출되는 열량으로부터 온도가 상승한 압축기 냉각공기 Q_c와 전량 혼합하여, $\Delta T = T_v - T_a$ 만큼 온도가 증가하게 된다. 이때, 압축기 실내온도 온도 T_v에서 환기홴에 의하여 Q_v가 배출된다. 압축기의 발생열량은 정확하게는 압축기의 전 입력전력을 열량으로 환산한 H_i로부터, 토출 압축공기가 가지고 나가는 열량 H_{cd}를 뺀 값으로 되지만, 실제적으로 H_i만으로 계산해도 좋다.

통상적으로 실내 허용 온도상승은 공기압축기의 허용 주위온도가 40℃ 이하이기 때문에, 하절기 외기온도를 최대 35℃로서 가정한다면 5℃ 전후로 설정된다. 냉동식 드라이어가 부설된 경우는 드라이어의 발생열량도 고려할 필요가 있다.

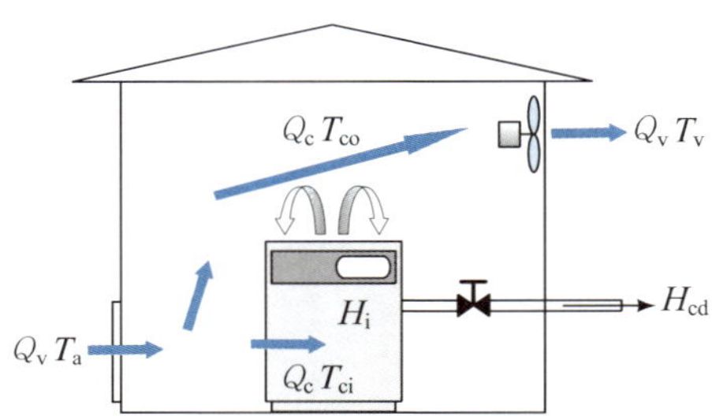

H_i : 압축기유닛의 발생 총열량
H_o : 오일쿨러의 냉각열량
H_{ac} : 후냉각기 냉각열량
H_{cd} : 토출공기가 가지고 나가는 열량
H_d : 압축기 내부 방열량
H_m : 모터 냉각열량
H_r : 압축기 유닛내 기기 방열량

그림 10.47 환기홴에 의한 환기

압축기 유닛의 발생열량은 다음의 식으로 표현된다.

$$H_i = H_o + H_{ac} + H_m + H_{cd} + H_r \tag{10.19}$$

여기에서,

H_o : 오일냉각기의 냉각열량

H_{ac} : 후냉각기의 냉각열량

H_m : 전동기 냉각열량

H_{cd} : 토출압축공기가 가지고 나가는 열량

H_r : 압축기 유닛내 기기방열량

이들 열량의 합계는 압축기 유닛의 입력전력 L[kW]에 상당하기 때문에,

$$H_i = 3.6 \times 10^3 L \tag{10.20}$$

로 되며, 압축기 유닛내부로 냉각횃에서 흡인한 냉각공기는 가열되어, 온도가 상승한다. 이 경우, 온도상승 정도는 압축기 냉각공기량 Q_c에 대하여,

$$H_i = Q_c \times (T_{co} - T_{ci}) \times c_p \times \rho_a \times 60 \tag{10.21}$$

이 열량 H_i는 압축기를 설치한 실내의 공기를 가열하게 되지만, 이러한 온도상승을 ΔT로 충당하기 위해서는 매분 Q_c의 환기를 수행할 필요가 있다.

$$Q_v = \frac{H_i}{\rho_a \times c_p \times \Delta T \times 60} \tag{10.22}$$

간략한 식으로는

$$Q_v = \frac{3.6 \times 10^3}{1.2 \times 1 \times 5 \times 60} L = 10 \times L \tag{10.23}$$

여기에서, $\Delta T = T_v - T_a$

H_i : 압축기 유닛 발생 총열량 [kJ/h]

L : 압축기 유닛의 총 입력전력 [kW]

Q_v : 환기 공기량 [m^3/min]

Q_c : 공랭 공기압축기 내장 횃의 냉각공기량 [m^3/min]

T_a : 실외 대기온도 [℃]

T_v : 압축기 실내 허용온도 [℃]

T_{co} : 압축기 배출 냉각공기 온도 [℃]

T_{ci} : 압축기 흡인 냉각공기온도 [℃]

c_p : 냉각 공기비열 [≒ 1kJ/(kg K)]

ρ_a : 공기밀도 [≒ 1.2kg/m^3]

즉 압축기실의 온도상승을 5℃로 제한하기 위한 환기풍량은 압축기 유닛의 총 입력 전력의 10배 정도가 적당하다는 것을 알 수 있다.

계산예 5 37kW의 공랭식 공기압축기

외기온도 T_a : 30℃

허용 압축기실 온도상승 : $\Delta T = 5$℃(즉 T_v : 35℃)

유닛트 총입력 L : 41kW

위의 값들을 식(10.23)에 대입하면,

$$\begin{aligned} Q_v &= \frac{3.6 \times 10^3}{1.2 \times 1 \times 5 \times 60} \times 41 \\ &= 10 \times 41 \\ &= 410\ \mathrm{m^3/min} \end{aligned}$$

(2) 수냉식

수냉식의 경우, 실내로 방출되는 열량 중, 오일냉각기의 냉각열량 H_o, 후냉각기 냉각열량 H_{ac}가 냉각수로 빠져 나가기 때문에, 전동기 냉각열량 H_m과 기기방열량 H_r만큼을 환기하면 된다. 이 열량은 전 입력 전력의 열량 환산 값의 10% 정도에 상당하며, 압축기 실내에 방출된다. 식 (10.22)에서 H_i의 값에 (100% − 전동기효율 η_m% + 3~5%)/100%의 열량을 대입하여 계산한다.

$$\begin{aligned} H_i &= H_m + H_r \\ &= 3.6 \times 10^3 P \times \frac{(100 - \eta_m + 5)}{100} \end{aligned} \tag{10.24}$$

$$Q_v = \frac{H_i}{\rho_a \times c_p \times \Delta T \times 60}$$

수냉식의 공기압축기에서도 냉동식 드라이어는 공랭식이므로, 드라이어가 장착된 압축기는 드라이어 배출열량을 H_i의 계산에 산입하여야 함에 주의가 필요하다.

계산예 6 75kW 수냉식 공기압축기, 압축기 유닛의 총 업력 전력 L : 83kW

$$\eta_m : 92\%$$

이들 값을 식 (10.24)에 대입하여 계산하면,

$$H_i = 3.6 \times 10^3 \times 83 \times \frac{100 - 92 + 5}{100} = 38,844 \text{ kJ/h}$$

$$Q_v = \frac{38,844}{1.2 \times 1 \times 5 \times 60} = 108 \text{ m}^3/\text{min}$$

(3) 전체 환기시의 주의점

압축기실의 환기를 실시하는 경우에 주의하여야 할 사항은 다음과 같다.

- 환기 공기배기구는 압축기실의 높은 위치에 설치하고, 흡입구는 압축기실의 낮은 위치에 설치한다.
- 환기 공기류의 흐름은 흡입구로부터 배기구까지 공기류의 도중에 압축기가 설치되도록 공사에 참고할 필요가 있다.
- 흡입구의 크기는 압축기 실내가 부압으로 되지 않도록 충분히 크게 설치한다. 부압으로 되면 환기팬의 전후 차압이 커지므로, 설계한 환기 풍량이 얻어지지 않는다.
- 압축기 실내의 천정이 낮으면, 도입한 외기와 혼합하기 전에 뜨거운 압축기 배기풍이 압축기 흡입구로 돌아 들어갈 수 있으며, 온도상승의 원인으로 되기 때문에 주의가 필요하다. 낮은 천정일 경우, 다음에 기술하는 덕트 방식의 환기 시스템을 채택하는 것이 바람직하다.
- 압축기 실내의 온도는 40℃를 상한으로 환기계획을 수행하는 것이 필요하다. 40℃를 넘으면, 압축기, 냉동식 드라이어가 트립할 수가 있으므로 환기량, 환기방식을 개선하여야 한다. 그림 10.48에는 바람직한 환기와 그렇지 못한 환기의 일례를 보여준다.

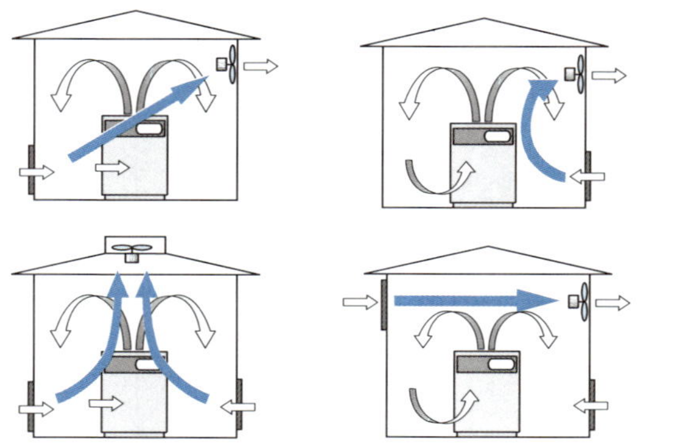

(a) 양호한 환기의 예 (b) 압축기, 드라이어의 온도상승 트립을 초래하는 불량한 예

그림 10.48 양호한 환기와 적절하지 못한 환기의 예

10.8.2 배기덕트에 의한 환기

배기 덕트에 의한 환기는 압축기 유닛내에서 가열된 냉각풍을 압축기 실내의 공기와 혼합시키지 않고, 직접외기로 방출하기 때문에 압축기실 내에 설치하는 환기휀을 전체 환기에 비하여 소형화할 수 있다.

(1) 배기 덕트 설치상의 주의점

배기 덕트를 설치하는 경우에 주의 사항은 다음과 같다.

- 압축기와 환기 덕트는 비스 등으로 직접 고정시키지 않는다.
- 덕트 출구는 우수가 들어가지 않도록 하고, 이물질 진입방지를 위한 철망 등을 설치한다.
- 덕트는 가능한 한 밴드부 등이 많지 않도록 설치한다.
- 배기 저항은 20Pa 이하로 되도록 덕트 단면적을 계획한다. 20Pa을 넘는 경우에는 덕트 출구에 환기휀을 설치한다.
- 덕트 출구에 환기휀을 설치하는 경우에는 반드시 배기 덕트와 압축기 윗면 사이에 300~400mm의 간격을 설치한다. 특히 압축기 유닛에 내장된 냉각휀이 인버터 회전속도제어 사양인 경우, 이러한 간격이 없다면, 압축기 부하가 경부하일 경우에는 과냉각으로 되어, 압축기 내에 응축수 드레인이 축적하게 되어 트러블의 원인으로 되므로, 덕트의 직접 설치는 피하는 것이 좋다.

- 드라이어 내장형 혹은 드라이어를 압축기 측에 설치하는 경우에는 통상적으로 드라이어 내장 냉각휀이 가지는 정압이 작기 때문에, 약간의 저항, 역류 등의 배기 장해라도 드라이어는 트립하게 된다. 따라서 통상적으로 덕트를 설치하지 않는 것이 바람직하다. 단독 덕트의 설치도 드라이어 부하 콘트롤은 내부휀의 On-Off 콘트롤로 제어하기 때문에 설치해서는 안된다.

그림 10.49에는 배기 덕트 설치상의 제반 주의점을 도시한다.

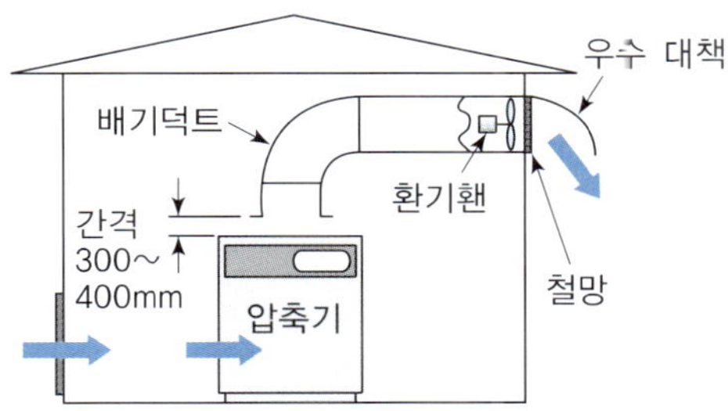

그림 10.49 배기 덕트 설치상의 주의점

(2) 덕트내에 설치하는 환기휀 계획

덕트내에 설치하는 환기휀의 선정에는 필요 환기풍량과 휀에 걸리게 되는 정압이 어느 정도인가를 알 필요가 있다.

① 풍량-정압 곡선

덕트 내에 환기휀이 있는 경우, 환기휀에 어느 정도의 정압차가 걸리게 되는가를 파악하고, 환기 가능 풍량을 구하는 것이 중요하다. 휀 전후에 걸리게 되는 정압차가 크다면 풍량은 감소하게 된다. 이러한 정도를 나타내는 곡선을 풍량-정압곡선($Q-H$ 곡선)이라 한다.

그림 10.50에는 $Q-H$ 곡선과 덕트 저항곡선을 나타낸다. 덕트 저항곡선은 덕트의 길이로 어느 정도의 저항이 발생하는가를 나타낸다 따라서 10m의 덕트를 설치하면, 그림 중의 A점은 5.0mmH_2O의 정압이 걸리게 되며, 풍량이 140m^3/min로 되는 것을 보여준다. 이 경우 운전은 A점에서 수행하면 된다.

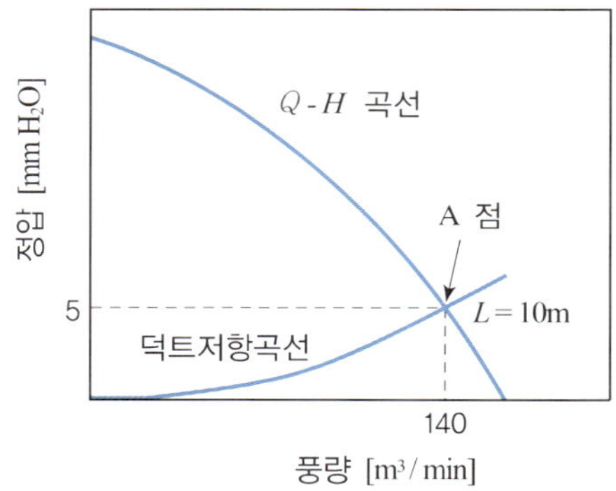

그림 10.50 Q-H 곡선과 덕트의 저항곡선

② 덕트 저항계산과 환기홴 선정 예

그림 10.51과 같이 철판재의 각형 덕트를 사용하여 환기를 실시하는 경우, 환기홴을 선정하여 보자.

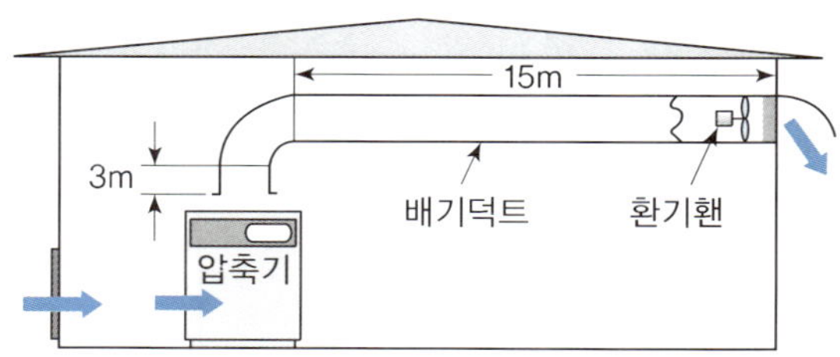

그림 10.51 덕트의 압력손실계산과 환기홴의 선정

- **필요 환기풍량** : 압축기 실내에 37kW의 공랭식 압축기가 설치되어 있다. 압축기 내장 시롯코 홴이 배출하는 냉각풍량 Q_c를 140m^3/min으로 한다.
- **원형 덕트로의 환산** : 사각단면의 덕트이기 때문에 이것을 원형 덕트로 환산하면 520(사각단면)은 원형단면 ϕ560으로 된다(환산은 환기홴 제조사의 자료 등을 참조)
- **곡관부분의 원형 직관길이로의 환산** : 그림 중의 엘보는 1개당 ϕ560관의 길이 8.4m에 상당하기 때문에 덕트 전체 길이는

$$3\text{m} + 15\text{m} + (8.4\text{m} \times 2) = 34.8\text{m}$$

로 된다.

• **덕트 저항계산** : 일반적으로 환기홴 제조사는 덕트의 저항계산 그래프를 보유하고 있다. 이들을 이용하는 방법을 그림 10.52에 도시한다(설계시의 상세 그래프나 보정계수 값은 환기홴 제조사의 카탈로그 등에 기재되어 있다).

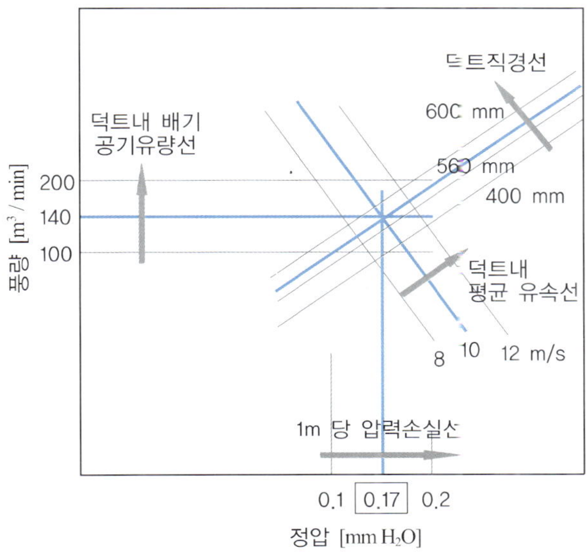

그림 10.52 원형덕트의 환기풍량과 정압저항

덕트내 공기유량 140 m^3/min인 수평선과 덕트의 직경 560mm와 교차하는 점을 구한다. 이 교차점으로부터 수직선을 그어, 횡축까지 연장하면, 덕트 1m당 저항이 0.17mm H_2O인 것을 알 수 있다. 동시에 유속과 내면의 표면조도에 의한 보정계수를 구하면 0.85로 된다. 따라서 전체 저항은

$$34.8\text{m} + 0.17\text{mm}\,H_2O/\text{m} \times 0.85 = 5\text{mm}\,H_2O$$

로 된다.

• **환기홴의 선정** : 정압 5mmH_2O에서 140m^3/min의 풍량–정압 곡선 성능을 가지는 환기홴을 카탈로그로부터 구한다.

10.9 공기압축기의 폐열회수

10.9.1 회수 가능한 열에너지

제 4장에서 설명한 바와 같이, 공기압축기의 압축 유닛에서 소비한 전력 L[kW] 중, 토출공기가 라인으로 가지고 나가는 열량 H_{cd} 이외의 열량은 공랭식 공기압축기에서는 냉각공기에 의하여, 수냉식에서는 냉각수로부터, 오일냉각기, 후냉각기, 모터 냉각으로 운반된다. 이러한 열량은 통상적으로 이용되지 않고 폐기된다.

공장, 사업소 등에서 공기압축기의 소비전력은 설비전체의 20~40% 정도 차지하고 있으며, 이러한 에너지의 90~95% 정도는 매시 폐열 H_{disp}로서 버려진다. 표 10.10에 나타내는 바와 같이, 냉각공기나 냉각수에 더해지는 열량을 조금이라도 열에너지로서 이용하려고 하는 것이 폐열회수의 기술이라고 할 수 있다.

$$H_{cd} \fallingdotseq 60\,Q_s\,\rho_s\,c_p\,(T_1 - T_s)\ [kJ] \qquad (10.25)$$

$$H_{\text{disp}} = H_i - H_{cd}$$

표 10.10 공기압축기의 폐열

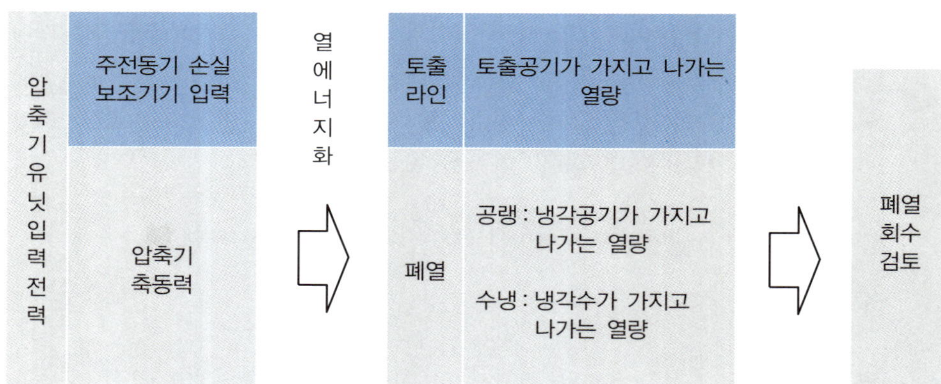

계산예 7 75kW 공기압축기, 토출공기량 Q_s: 12m^3/min

흡입공기온도 T_s: 30℃

압축기 유닛 출구의 공기온도(후냉각기 후의 공기온도) T_1 : 45℃

압축기 유닛의 입력전력 L : 81kW, 흡입공기밀도 : ρ_s, 공기비열 : c_{pa}

$$H_{\text{disp}} = 81 \times 3.6 \times 10^3 - 60 \times 12 \times 1.14 \times 1 \times (45 - 30)$$
$$= 279 \times 10^3 \text{ [kJ]}$$

10.9.2 공랭식 공기압축기의 폐열회수

공랭식 공기압축기로부터 발생하는 대량의 열풍은 건물의 난방 또는 타의 예열용도로 이용할 수 있다. 그림 10.53과 같이, 가열된 냉각공기를 난방이 필요한 시기에 가변 댐퍼를 통하여 건물 내로 유입하도록 유도한다. 하절기의 경우에는 댐퍼를 전환하여 대기로 배출한다. 압축기와 건물의 거리가 가까운 경우에는 이러한 방법이 용이하다. 또 한랭지와 같은 곳에서는 보다 효율적인 열 회수로 된다.

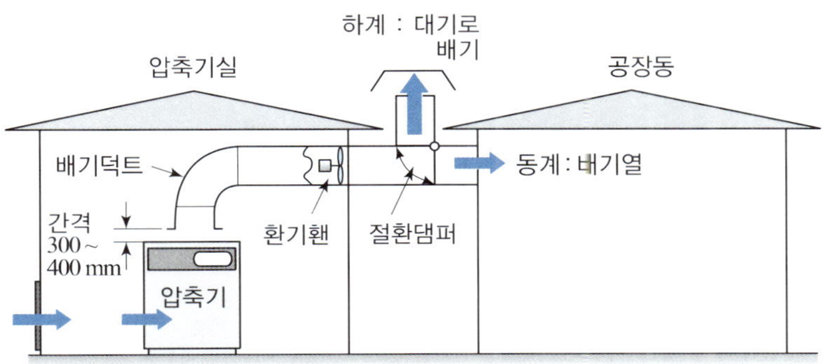

그림 10.53 공랭식 공기압축기의 폐열이용

10.9.3 수냉식 공기압축기의 폐열회수

수냉식 공기압축기의 경우, 드라이 오일 프리식 공기압축기라면, 급탕, 샤워, 세탁물, 보일러 등으로 겸용하면 연료의 절감이 가능하다. 회수할 수 있는 수온은 공기압축기의 방식에 따라 다르게 되며, 왕복동, 스크류 터보 등의 각 압축방식, 또 급유식인가 드라이 오일 프리식인가에 따라서 변하게 된다. 일반적으로 가장 높은 수온을 얻을 수 있는 것은 드라이 오일 프리식 트윈 스크류이다. 신설 압축기에서 냉각수의 폐열회수를 계획하는 경우에는 냉각기부의 설계변경이 필요할 수 있으므로, 비용 대비 성에너지 효과를 검토하여 결정한다.

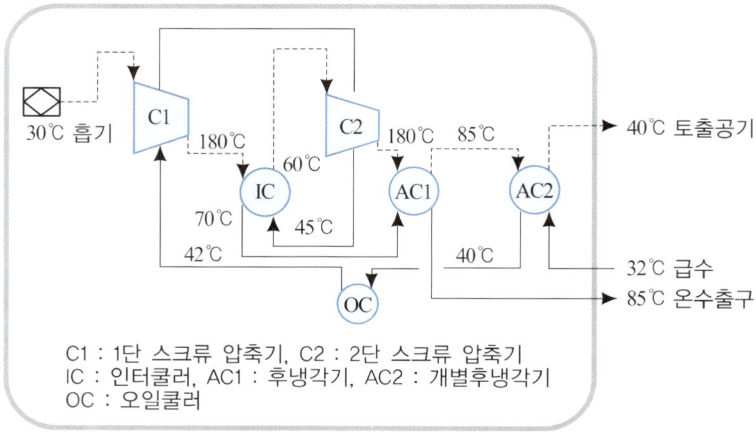

그림 10.54 온수회수 시스템

압축기의 압축열을 냉각탑 등에서 대기로 방출시키지 않고, 전동기 축 출력의 80~90%의 열량을 온수로서 회수하여, 성에너지 효과를 얻기 위한 시스템이다. 2단형 드라이 오일 프리식 트윈 스크류에서 온수회수 시스템의 예를 그림 10.54에 도시한다. 고온의 토출온도로 되는 드라이 오일 프리식의 특징을 살려, 중간냉각기부와 후냉각기부에서 냉각수를 고온으로 하며, 온수를 대략 85℃~90℃정도로 회수할 수 있는 경우에,

- 보일러의 급수가열
- 축열조에 온수를 회수하여, 타 기기의 온배수 가열
- 온수와 공기의 열교환을 시켜, 가열된 공기를 건조용으로 이용
- 샤워 등의 급탕용으로 이용
- 가공부품의 유분제거용 세정수로 이용
- 흡수식 냉동기의 열원

등으로 이용할 수 있다.

CHAPTER

11 기설 공기압축기의 성에너지 진단

11.1 성에너지 진단

앞장까지 공장, 사업소의 공기압축기 설비의 운전에너지의 저감방법, 즉 소비전력을 저감하기 위한 방법으로 압축기 소비전력 저감방법, 압축공기의 필요량, 필요품질 파악, 압축공기시스템 전체의 계획 등에 대하여 기술하였다. 효과적인 개선을 추진해 가기 위해서는 실제로 가동하고 있는 공장, 사업소의 소비공기량, 소비전력량, 압력 변동량, 공기누설량의 변화 등을 정확하게 측정하여, 이러한 실측값들에 적절한 성에너지 대책을 수립하여, 사전 효과검증을 위한 시뮬레이션을 수행할 필요가 있다.

이러한 시뮬레이션에서는 대책비용, 성에너지 효과의 대비도 수행하여, 투자회수 예측 등에 관해서도 검토하여야 한다. 진단에 있어서는 전용 측정기기나 해석 소프트웨어 등은 각 압축기 제조사가 가지고 있으며, 개선기술의 노우하우의 축적도 되어 있기 때문에, 효과적으로 이용할 수 있다.

11.1.1 소비공기량과 소비전력의 측정

소비공기량과 각 공기압축기의 부하상태를 정확하게 파악하는 것은 매우 중요하다.

(1) 소비공기량의 변동추이와 각 압축기의 가동상황 및 부하상황의 측정

기설의 공기압축기 군에 대하여, 가동하고 있는 각 공기압축기별로 데이터를 획득하는 것이 필요하다. 그림 11.1에 도시하는 바와 같이 측정센서를 설치하여, 각 운전 데이터를 통상 1일 24시간, 7일간 계속하여 기록한다. 또 그림 11.2와 같은 센서를 압축기에 설치하여, 측정 항목별로 계측한다. 측정 후의 데이터는 각 항목별로, 측정일 별로 분석한다.

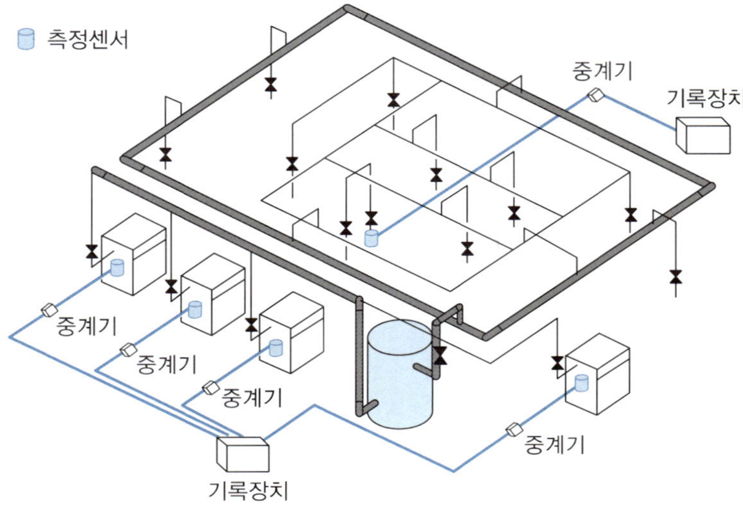

그림 11.1 압축기 운전 데이터의 측정

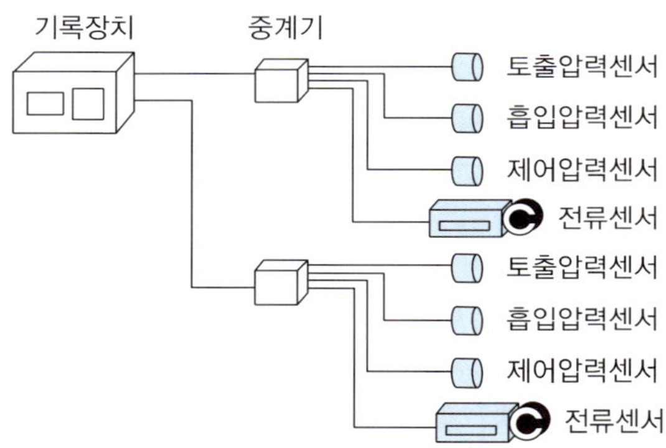

그림 11.2 측정 센서

(2) 진단데이터의 해석

진단 예로서 표 11.1에 나타내는 바와 같은 급유식 스크류 압축기 6대의 성에너지 진단예를 고찰하여 보자. 각 압축기의 흡입압력의 진공도를 계측하고, 각 압축기의 실제 토출공기량을 10분 간격으로 24시간 계측한다.

표 11.1 기설 공기압축기의 성에너지 진단예

〈진단측정기종〉 : 급유식 스크류 압축기 6대 년간 가동일수 : 300일

호기	토출공기량 [m^3/min]	출력 [kW]	용량제어방식
No.1	5.8	37	흡입교축방식
No.2	5.8	37	흡입교축방식
No.3	5.8	37	흡입교축방식
No.4	6.1	37	흡입교축방식 + 퍼지방식
No.5	6.1	37	흡입교축방식 + 퍼지방식
No.6	9.0	55	흡입교축방식

〈진단방법〉 : 각 압축기의 토출압력, 흡입압력(진공도), 전류값을 10분 가격으로 24시간 계측하고, 전체 소비공기량의 변동추이를 조사

각 압축기별로 공기 토출량의 계측결과를 그림 11.3에 도시한다. 부하율은 No.4호기, No.6호기가 크고, No.1, No.2호기는 야간 정지시간대에 있다. No.2, No.3, No.4 그리고 No.5호기는 부하변동이 크다는 것을 알 수 있다. 또 이 계측결과를 그림 11.4(a)와 같이 압축기 군 전체의 소비공기량으로 합성하여, 시간대별 전체 소비공기량의 변동을 조사해 본다. 1일당 전체로 34000m^3 정도 공기를 소비하고 있으며, 매분당 소비공기량이 피크에서 35m^3/min, 경부하시에 10m^3/min 까지 크게 변동하고 있는 것을 알 수 있다.

No.4와 No.6호기 이외는 부분 부하시간대가 많은데도 불구하고, 성전력 효과가 좋지 않은 흡입교축제어가 중심으로 되어 있기 때문에, 비효율적인 운전상황으로 되어 있다. 이와 같은 운전상황에 대하여, 압축기 군에 대수제어반을 설치하여, 전체 소비공기량의 변동에 대응하도록 대수제어를 수행한 경우와, 인버터기 2대를 신설하여, 대수제어반의 효과와 조합한 결과를 시뮬레이션하여 비교한 것이 그림 11.4(b)의 연간 소비전력비 추이 비교이다. 현재 상황에서 운전하여, 연간 소비전력비가 26,400만 원인데 비하여, 대수제어반 도입으로 3,360만 원 정도, 인버터 대수제어반의 조합으로 5,520만 원 정도 연간 소비전력비을 삭감할 수 있다.

소비공기량의 변동을 정확하게 파악하면, 성전력 대책의 실시효과는 실시전의 시뮬레이션결과와 잘 일치한다. 그러나 압축기의 운전 전류로부터 부하율을 추정하는 방식은 전원상황, 변동 때문에 정확도가 낮아 신뢰성이 높지 않다. 따라서 정확하게 파악한 각 압축기 별 토출 공기량을 근거로 직접 각 압축기의 부하율을 구하는 것이 좋다.

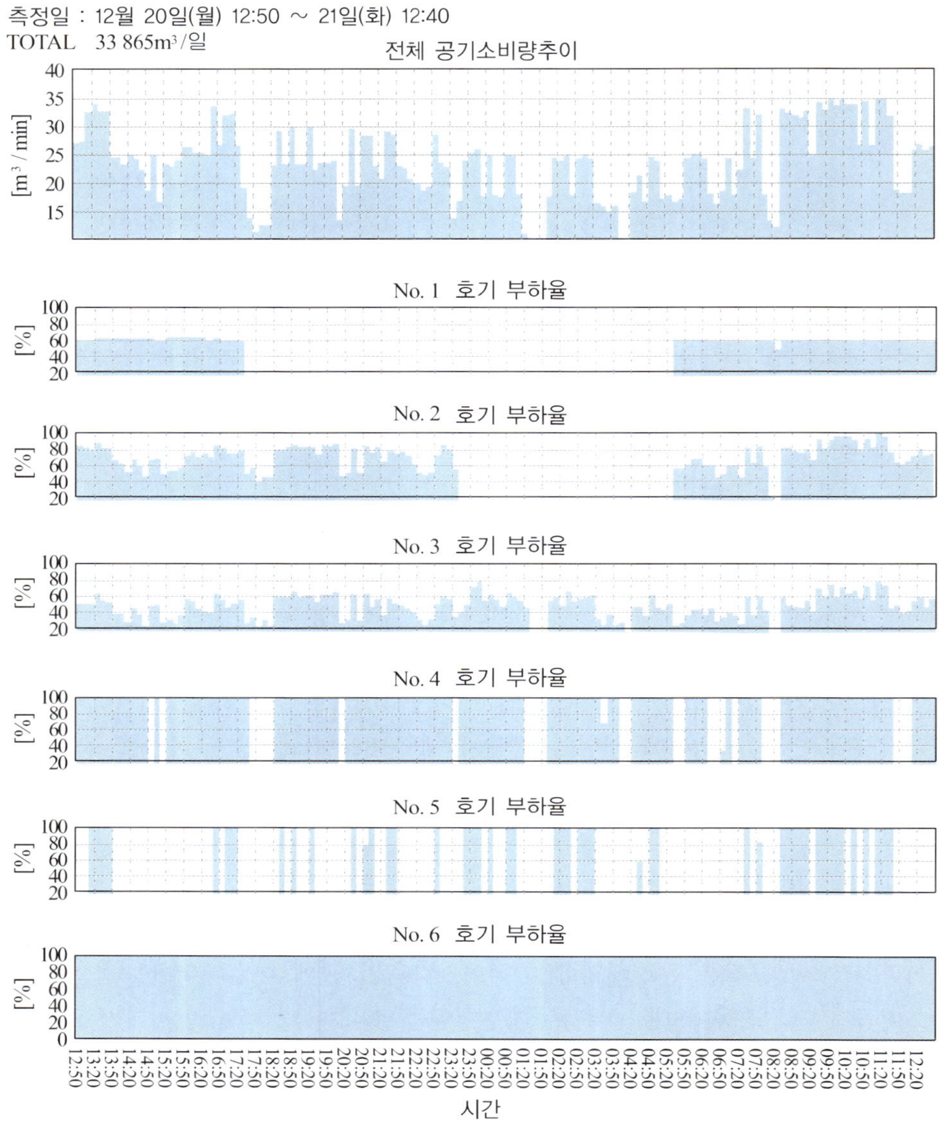

그림 11.3 공기 소비량 변동량의 측정

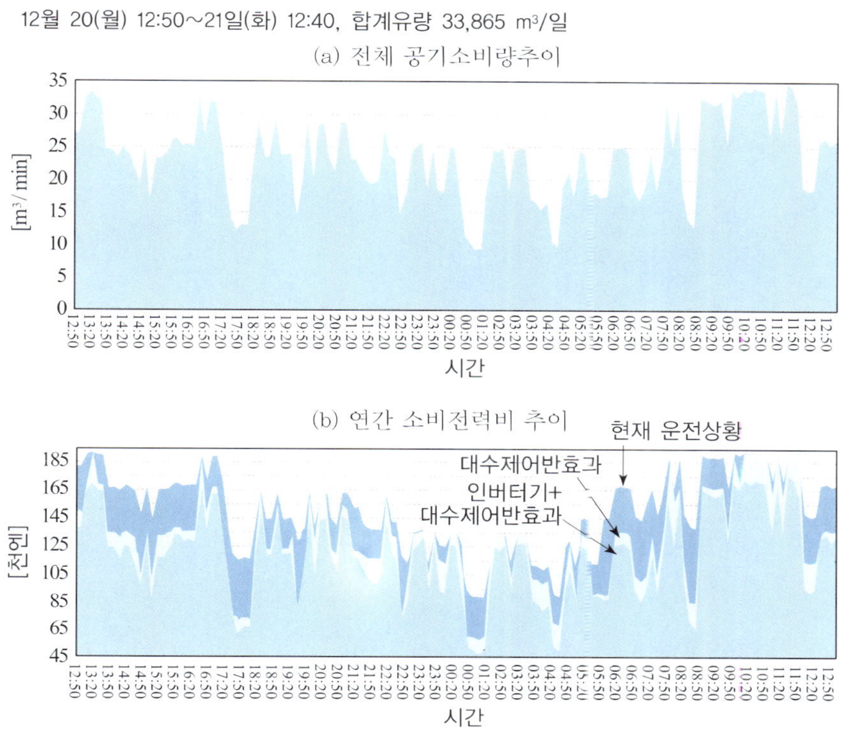

그래프 식별	연간 소비전력량	성에너지 효과	
현상운전	261,996천원	–	
대수제어반 시뮬레이션	227,868천원	341,28천원	13%
인버터+대수제어반 시뮬레이션	206,796천원	552,00천원	21%

그림 11.4 측정결과에 의한 성에너지 개선효과 시뮬레이션

11.1.2 최적화 시뮬레이션과 개선제안

개선방법의 항목은 아래와 같이 가장 비용대비 효과가 뛰어난 현장의 상황에 맞추어 계획안을 선택한다.

(1) 공기압축기로의 개선제안

- 압축기의 기종과 압축기 군의 재검토
- 부하 조정용기로서 고효율 인버터 공기압축기의 도입
- 대수제어반의 도입

- 공급압력의 저감검토, 라인압력 제어의 도입

(2) **부속기기, 배관으로의 개선제안**

- 공기탱크 용량 재검토
- 배관 사이즈, 경로 등의 재검토에 의한 압력손실 개선
- 드라이어, 필터류의 압력손실 저감

(3) **생산라인에서의 공기압축기 소비기기로의 개선제안**

- 불필요한 공기소비 방지(공기 Blow시간 단축, 폐지 등)
- 공압라인 말단에서 원압의 저감검토
- 공기 누설양의 파악과 저감
- 생산 라인의 공압기기 가동 밸런스 재검토에 의한 피크 공기 소비량의 저감, 변동량 제어

공장 전체의 압축공기 공급 시스템의 종합 진단 결과로부터, 측정된 공기소비량 변동, 압력변동에 적합한 제안을 조합하여, 성에너지 개선 마스터플랜을 수립한다. 이러한 마스터플랜에 기초한 시뮬레이션을 실시하여, 개선효과(연간 삭감전력비)를 예측한다.

11.1.3 성에너지 개선책 실시 후의 효과확인

그림 11.4의 예에서는 부하조정 전용기에 37kW 인버터기 2대가 도입 및 기설기로의 자동대수제어 운전의 도입에 의하여 얻어진 효과의 예를 설명하였다. 공기소비량의 변동에 대하여, 기설기는 필요 최소한의 대수가 운전되어, 인버터 압축기로 대수제어간의 부하조정을 수행하면 효과가 커진다.

1~2대의 인버터기 도입에 의해서 압축기 군 전체의 부하변동에 따른 압력변동이 작아지게 되며, 라인압력의 정압화에 의한 운전압력 저감효과가 압축기 군 전체에 영향을 미치게 된다는 것은 제 5장에서 설명하였다.

11.2 원격통신 진단

최근 신형 공기압축기에서는 종합디지털 통신망 등을 통하여 압축기와 감시센터를 접속하는 기능을 표준장비로 하는 것이 많으며, 원격감시 서비스가 시작되고 있다. 압축기의 각 운전데이터를 감시/진단하는 원격통신 진단 시스템의 일례를 그림 11.5에 도시한다.

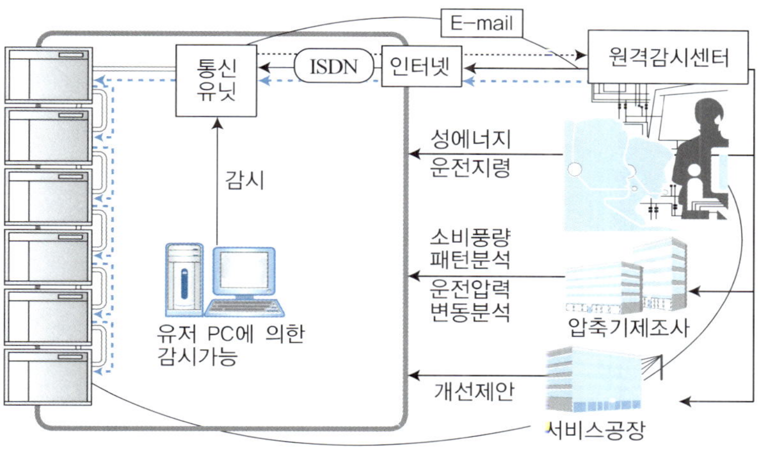

그림 11.5 원격통신 진단시스템

24시간 감시 데이터를 근거로, 운전경향의 분석관리를 수행할 수 있으며, 압축기의 보수, 운전상황 월보작성 서비스(그림 11.6 참조), 성에너지 개선제안, 트러블의 미연방지 등을 수행할 수 있다.

급격한 온도 상승 등 압축기 다운이 예측되는 경우에, 사용자로의 연락과 양해를 구하여, 센터로부터 압력과 회전속도를 저장하는 원격조작을 실시하여, 갑작스런 라인 정지를 회피하는 쌍방향 제어기능을 가지게 된다.

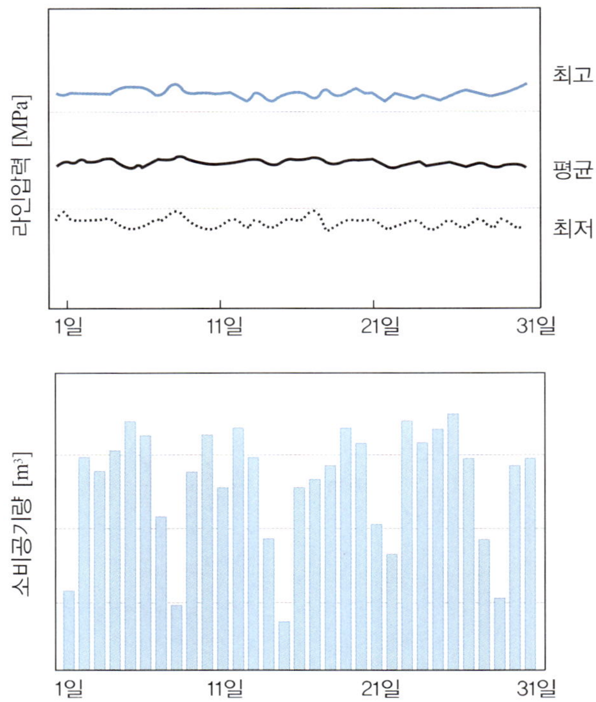

그림 11.6 원격감시 보고

CHAPTER

12 공기압축기의 주요 고장원인과 대책

12.1 왕복동 압축기의 고장원인과 대책

왕복동 압축기의 특징은 다른 압축기들에 비하여 섭동부분이 많고, 회전운동을 왕복운동으로 변화하는 기구가 있으며, 흡입, 압축, 토출의 전 과정을 밸브의 개폐로 수행한다는 것이다. 이로 인하여 많은 부품의 조합에 의한 복잡한 구조로 이루어져 있어, 다른 압축기에 비하여 위의 기구부에서 고장이 자주 발생하게 된다.

12.1.1 실린더의 온도상승

냉각수 계통의 트러블에 의한 냉각부족이 원인으로, 온도가 상승하게 된다. 또 압축한 가스자체의 온도가 이상하게 상승한 경우에 발생한다. 이와 관련된 원인은 다음과 같다.

- 흡입밸브, 토출밸브의 불량에 의한 압축가스의 역류가 발생하여, 재압축에 의하여 정규의 온도보다 상당히 고온으로 된다.
- 토출밸브의 유로의 저항이 증가하거나 토출밸브의 스프링이 지나치게 강한 경우

12.1.2 흡입 밸브실의 온도상승

실린더내 압축된 고온가스의 역류에 의하여, 온도가 상승하게 된다. 그 원인은 다음과 같이 요약할 수 있다.

- 흡입밸브의 밸브판의 결합도 불량
- 밸브 스프링이 지나치게 약해서 밸브운동이 피스톤의 운동과 일치하지 않는 경우에 불규칙한 운동으로 역류가 발생

12.1.3 중간 압력의 상승

1단에서 압축한 가스를 2단이 흡입하지 못하는 경우에 온도가 상승한다. 다음과 같은 원인으로 요약할 수 있다.

- 2단 흡입밸브의 불량에 의한 역류(이 경우는 2단 흡입실의 온도상승을 초래한다)
- 2단 흡입밸브 스프링이 지나치게 강하여, 저항이 증가(이 경우는 1단 토출밸브실의 온도가 상승)
- 2단 흡입유로의 불량에 의한 저항증가
- 2단 피스톤 래비린쓰(Labyrinth)와 실린더간의 틈새증대로 인한 용적효율 저하

12.1.4 중간 압력의 저하

2단의 흡입량에 대하여, 1단의 토출량이 적을 경우에 발생한다.

- 1단 흡입밸브에 의한 역류
- 1단 흡입밸브의 스프링이 지나치게 강하여 저항이 증가
- 1단 흡입유로의 불량에 의한 저항 증가
- 1단 피스톤 래비린쓰와 실린더간의 틈새증대

12.1.5 운전중 이상음 발생

주로 기동시에 발생하는 것으로 정지시에 실린더 내에 발생한 드레인에 의한 수격현상(Water Hammering)에 기인한다. 이러한 이상음은 운전에 따라 외부로 배출되어 소멸한다.

- 부하의 증가와 함께 증가하는 이상음은 피스톤 로드와 크로스헤드의 체결이 불완전하거나, 피스톤 로드와 피스톤의 체결이 불완전, 또는 커넥팅로드 메탈의 이상에 의하여 발생하는 일종의 노킹음이다. 이 경우에는 신속하게 운전을 정지시켜 각부의 점검조정을 수행한다.

12.1.6 흡입밸브 개방형 Unloader의 이상 원인과 조처

어떠한 압축기에도 토출공기량의 변동에 따라 흡입공기량을 조정하는 용량제어장치 즉 Unloader가 설치되어 있다. 여기에서는 왕복동 압축기에 자주 사용되는 흡입밸브 개방형 Unloader의 이상원인과 조처사항을 기술한다.

① 밸브판 누름용 철재 리프터의 파손

밸브판을 누르고 있는 리프터는 흡입밸브 시트의 공기유로를 관통하고 있기 때문에, 강도적으로 비교적 약한 기구이다. 이로 인하여, 리프터 취부 부에 충격적인 하중이 가해지면 파손되기 쉽다. 리프터가 파손되면, 밸브판을 누르는 힘이 균일하게 가해지지 않고, 밸브판이 경사지게 되어 불규칙하게 운동하게 되므로, 밸브판의 파손을 초래한다. 작동중의 압축기 밸브음을 점검하고, 이상음이 발생하면, 신속하게 수리를 하거나 교체를 한다. 이 경우 밸브판도 함께 수리를 하는 것이 좋다.

② 밸브판 누름 피스톤으로부터 공기누설

밸브판 누름 피스톤은 Unloader에 맞추어 작동하기 때문에 마모가 발생한다. 이로 인하여 작동시에 누설이 발생하게 되므로, 손실로 될 뿐만 아니라 누설로 인하여 피스톤에 걸리게 되는 힘이 감소하여, Unloader의 작동이 불확실하거나 부정확하게 된다. 이 경우 실린더의 보수를 하고, 실린더에 맞추어 피스톤을 교환할 필요가 있다.

③ 배관 저항차에 의한 고저압의 작동누설을 일으키는 경우

흡입밸브 개방형 Unloader는 1개의 파이롯트 밸브의 작동에 의하여, 각단의 흡입밸브가 대응하여 동시에 작동하는 역할이 있다. 이 때문에 파이롯트 밸브로부터 Unloader로의 압축공기 유입, 배출은 동일한 상태에서 동시에 수행할 필요가 있다. 배관의 거리, 분지의 방법, 배관저항 등의 차가 있는 경우에는 한쪽의 밸브가 먼저 작동하고, 다른 쪽의 밸브가 나중에 작동하게 된다. 저압측의 밸브가 먼저 작동하는 경우에는 저압측만의 용량을 감소시킨다. 고압측은 이전과 같으므로, 중간압력은 저하하고, 일시적으로 고압측의 피스톤 힘이 급증하게 된다. 한편 고압측의 밸브가 먼저 작동하는 경우에는, 중간압력이 상승해서, 중간냉각기의 안전밸브가 분출하게 된다. 다만 이러한 현상은 일시적이며, 곧 정상상태로 복귀하게 된다.

④ 저압측의 Unloader만이 작동하고 고압측이 작동하지 않는 경우

고압측의 Unloader가 고장이거나, 고압측 Unloader와 연결되는 유로가 막혀 있어

Unloader 가 작동하지 않는 경우에도 고압측은 작동하지 않는다. 이 상태에서 운전을 계속하는 것은 좋지 않으며, 점검하여 보수하여야 한다. 작동하지 않는 고압측 밸브로의 압력배관을 밸브근처에서 떼어내, 공기가 완전히 흘러오고 있는지 확인한다. 이상이 있는 경우에는 배관을 점검하여 수리를 한다.

⑤ 고압측 Unloader 만이 작동하고, 저압측이 작동하지 않는 경우

전술한 바와 같은 동일한 현상이 저압측에 있는 경우에는 중간냉각기의 안전밸브는 분출하게 된다. 이러한 안전밸브의 분출은 압축공기의 불필요한 방출로 되어 손실로 될 뿐만 아니라 안전밸브의 손상을 일으킨다. 이 경우 계속하여 운전하지 않고 수리한다.

12.2 스크류 압축기의 고장원인과 대책

스크류 압축기의 특징은 로터끼리 혹은 로터와 케이싱이 매우 작은 틈새를 이루고 고속회전하며, 연속적으로 흡입, 압축, 토출을 한다는 점이다. 이 때문에 거의 대부분의 고장은 로터의 접촉에 기인한다고 볼 수 있다. 이러한 압축기의 고장원인과 대책은 본 책의 스크류 압축기 부분을 참고하기 바란다.

12.3 원심압축기의 고장원인과 대책

12.3.1 원심압축기의 이상모드

원심압축기는 섭동하는 부분이 적으므로, 안전된 운전이 가능하다고 알려져 있다. 그러나 고속회전이기 때문에, 운전 중에 발생하는 진동에 대해서는 각별한 주의가 필요하다. 그림 12.1에는 압축기에 어떠한 이상상태가 발생하며, 어떠한 폐해를 초래하는지 도시하였다.

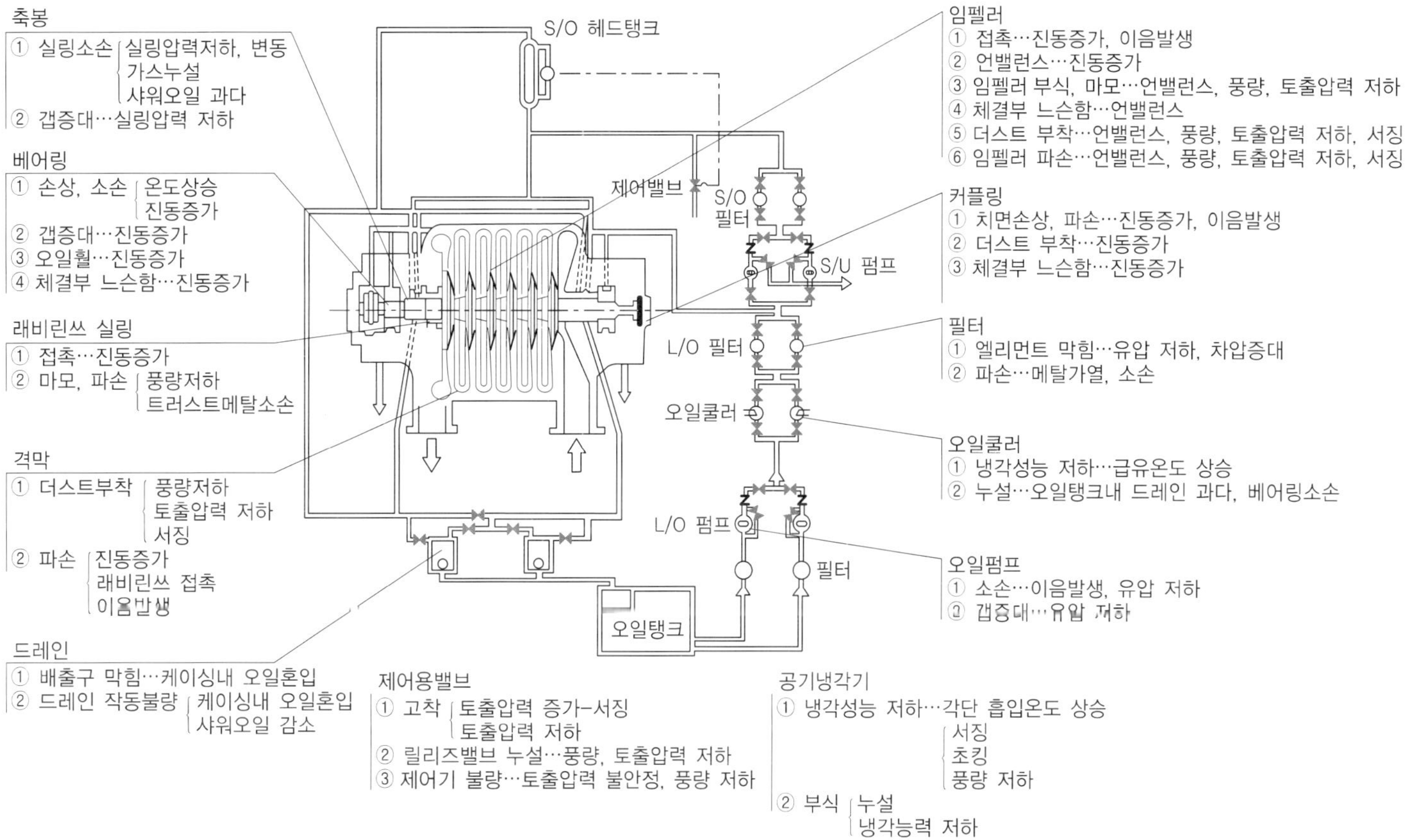

그림 12.1 원심압축기의 이상모드

12.3.2 진동의 발생

원심압축기는 원심력으로 기체의 압력을 증가시키기 때문에, 임펠러의 회전은 대략 10000~20000rpm 정도로 매우 고속회전을 한다. 이로 인하여, 회전부에 약간의 Unbalance가 있더라도 곧 진동의 원인으로 된다. 동적 Unbalance는 임펠러에 불균일하게 Dust가 부착, 축적되거나(사진 12.1 참조), Dust에 의한 불균일한 마모, 부식에 의하여 발생한다. Dust의 부착에 대한 대책으로는 정기적으로 임펠러를 청소하고, 흡입필터를 점검 수리하는 것이다. 손상 또는 부식이 있는 경우에는 임펠러의 보수를 수행하고 밸런스의 다시 조정하여야 한다.

사진 12.1 임펠러에 Dust 부착 사례

더욱이 진동의 원인으로 자주 발생하는 것은 축수의 Oil Whirl이다. Oil Whirl은 축수의 틈새 증가, 윤활유압의 저하, 윤활유의 점도변화에 의하여 발생한다. 그림 12.2에는 진동의 원인과 대책을 도시하였다.

항목	원인	대책
로터의 언밸런스	① 불균일한 더스트 집적 부착	분해청소
	② 불균일한 더스트에 의한 마모·부식	갱신 수리 밸런스 재조정
축수의 훨	① 축수 틈새 증가	축수틈새축소 축수교환
	② 윤활압력 저하	유압상승
	③ 윤활유 점도 변화	유온, 종류 갱신
로터와 정지부의 접촉	① 래비린쓰에 더스트 부착	분해청소 흡입필터 보강
	② 축수 마모	교환
	③ 배관 열팽창 및 무리한 설치	신축관 설치
센터링 불량	① 축수 마모	교환
	② 기어커플링 마모	수리 또는 교환
	③ 배관 열팽창 및 무리한 설치	신축관 설치
	④ 기초변형	재설치
증속장치의 불량	① 치차 절손	치차 교환
	② 치차 불량	치차 교환 재연마
	③ 치면 마모·피칭	치차 교환
커플링 불량	① 기어 치면 마모	치차 수리 재연마
	② 센터링 불량	치차 교환 재센터링

그림 12.2 진동의 원인과 대책

12.3.3 토출압력의 상승

압축기를 서징(Surging)으로부터 보호하는 시스템을 그림 12.3에 나타낸다. 유량조절계는 릴리즈 밸브를 제어하여 최저유량을 확보한다. 또 압력조절계는 가이드밸브를 제어(토출량 조정)하여, 압력상승을 방지한다. 이러한 보호 시스템의 이상이 발생하는 경우에는 압력이 상승하여 서징이 발생하게 된다. 이 경우에는 곧 수동으로 릴리즈 밸브를 개방하던지 전자밸브를 정지시킨다. 다음으로 공기량의 부하가 급변하는 경우(특히 사용량이 감소하는 경우)는 압력상승의 원인으로 된다. 이것은 제어계통의 응답성이 부하변동에 적절히 대응하지 않을 경우 발생한다. 대책으로는 제어계의 적절한 감도조정과 홀더 등에 의한 Buffer의 증가를 기한다.

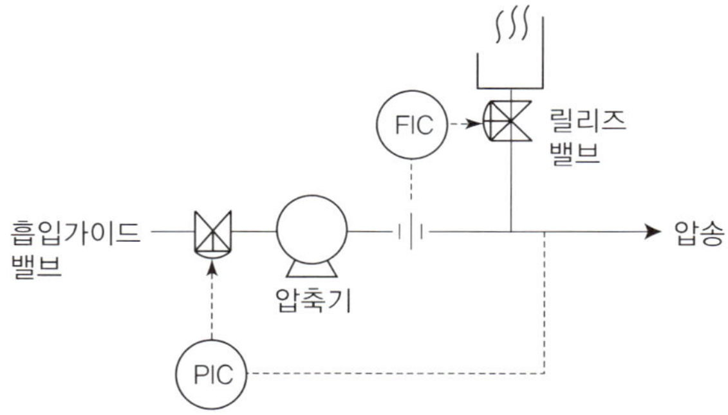

그림 12.3 원심압축기의 제어계통

12.3.4 성능저하

원심압축기의 효율은 유로부를 잘 설계하여 손실을 최소화하여 압축공기를 흘러보내는가에 크게 좌우된다. 따라서 Dust부착에 의한 각 부위의 오염이나 유로의 표면조도의 악화는 유체저항을 증가시켜, 효율저하의 원인으로 된다. 또 원심압축기의 특징은 등온압축에 가깝도록 압축을 하기 때문에 중간냉각기를 갖추어 압축일의 절감을 기한다. 따라서 이러한 중간단의 냉각부족은 곧 바로 축 동력의 증가로 이어지게 된다.

불충분한 중간냉각은 중간냉각기의 물탱크 측의 오염, 냉각수량부족, 냉각수온 상승 등이 원인이 될 수 있다. 표 12.2에는 성능저하의 원인과 대책을 나열하였다.

표 12.2 성능저하의 원인과 대책

항목	원인	대책
임펠러의 오염	• 먼지부착/축적 • 부식/마모에 의한 손상	• 흡입필터 증강 • 드레인 점검 • 분해청소 • 손상부품 교체
기체 통로부의 오염	• 케이싱 오염 • 디퓨저 오염 • 연결배관 오염	• 분해청소 • 부식방지를 위한 도장강화
중간 냉각기의 냉각능력저하	• 냉각수측 오염 • 기체측의 오염 • 냉각수량 부족 • 냉각수의 온도상승	• 냉각관의 수측/기체측 청소 • 냉각수량 증가 • 냉각수 온도저하(냉각탑 보강)
중간냉각기의 압력손실증대	• 먼지부착	• 압력손실 점검 • 분해청소
흡입압력저하	• 흡입필터 불량 • 가이드 밸브 불량	• 필터 청소 및 교체 • 가이드 밸브 수리

12.4 축류압축기의 고장원인과 대책

축류압축기의 주류는 전단 가변 정익형으로 되어 있어, 일정 회전수로 운전되므로, 풍량, 풍압의 제어는 정익 가변기구에 의하여 수행한다. 이 때문에 타의 압축기와는 다른 부위 즉 동익과 정익의 마모나 정익 가변 기구부의 손상 등이 특징적이다.

12.4.1 동익 · 정익의 손상

동익 · 정익에 Dust가 부착 축적되거나 불균일한 마도에 의하여, Unbalance나 진동이 발생한다. Dust 부착의 대책으로는 정기적인 익의 청소와 흡입필터의 점검보수이며, 또 중간냉각기를 가지는 축류압축기에서는 냉각기 튜브파손에 의하여 압축기내로 Mist가 혼입하여 익의 마모가 발생하는 경우도 있다.

12.4.2 동익의 파손

정익 가변기구의 조립착오나, 장기 운전중의 Dust 등에 의한 섭동부의 마모로, 정익 가변기구 레버가 파손한 경우, 그 정익 부의 흐름은 난류성분에 의하여 충격력이나 유로의 막힘 등이 발생하므로, 특수한 형태의 진동이 발생하여 동익과 공진하게 되어 동익의 피로파손을 초래하는 경우가 있다. 정익 가변기구의 분해 점검에서는 정익축의 축 부시의 틈새, 외통 홈과 섭동자의 틈새를 확인하여 레버의 작동에 지장이 없도록 한다.

이상 각종 압축기의 주된 고장원인과 대책을 기술하였다. 압축기의 보전 포인트는 기종에 관계없이 공통적인 것이 많으므로, 압축기를 안정적으로 사용하여 높은 신뢰성을 얻기 위해서는 각종 압축기의 고장원인과 대책을 참고하여, 유지 보수에 활용할 수 있다.

12.5 일반적인 안전점검 관리 포인트

12.5.1 윤활유의 선정

(1) 왕복동 압축기의 윤활

윤활유는 그림 12.4에 도시하는 바와 같이 크랭크 케이스부와 실린더-피스톤의 섭동부에 사용된다. 실린더-피스톤의 섭동부의 윤활유는 실린더나 밸브 등의 윤활유와 밀봉작용을 수행하며, 그 일부는 압축공기 중에 유입되어 Mist화 될 수 있으며, 100℃이상의 고온에 노출되기도 한다.

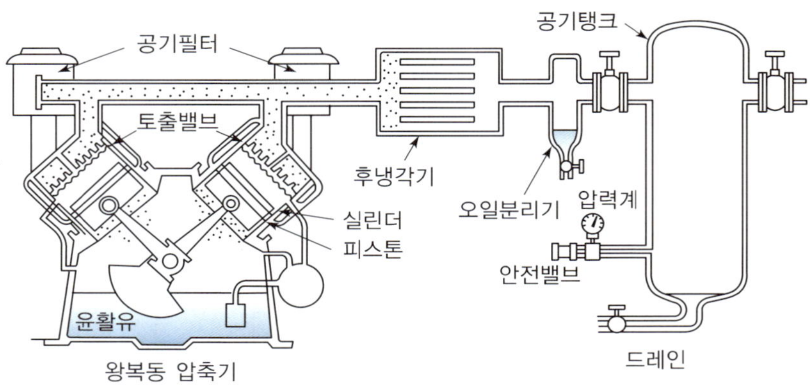

그림 12.4 왕복동식 압축기의 윤활

또 가스중의 수분과 함께 유동하여 드레인으로 배출되거나 Mist로서 배관을 통해 말단까지 유동할 수도 있다. 따라서 압축기용 윤활유로서 다음과 같은 특성이 요구된다.

- 윤활성
- 열산화 안정성
- 방청성
- 탄화한 경우에 수소가 많은 연질의 카본으로 될 것
- 드레인과 함께 배출되는 오일의 처리가 간단할 것(항유화성)

특히 토출밸브나 토출배관에서 카본의 생성이나 부착은 발화나 폭발사고의 위험성이 있으므로, 카본을 생성시키지 않도록 주의가 필요하다.

(2) 급유식 스크류 압축기의 윤활

스크류 압축기의 윤활계통은 오일 분리기 하부의 오일탱크에 저장된 윤활유가 오일냉각기나 필터 등을 거쳐 오일펌프에 의하여 축수, 기어, 로터 등의 각 윤활부로 전해진다(그림 12.5참조). 로터에 주입된 윤활유는 Mist 상으로 되어, 압축공기를 냉각한다. 또 로터의 윤활이나 로터 간 및 로터와 케이싱 간의 틈새를 밀봉하고, 압축공기와 함께 토출된다. 그 후 오일 분리기에서 공기와 분리되어 탱크로 되돌아간다.

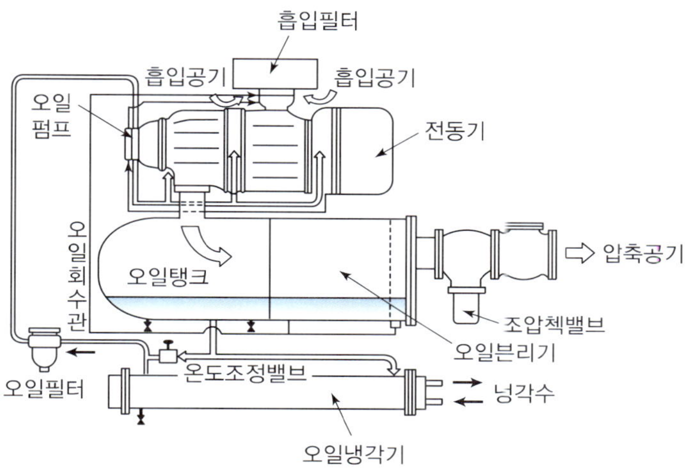

그림 12.5 스크류 압축기의 윤활계통

Mist상의 윤활유의 압축공기의 냉각작용은 전발열량의 80% 이상의 열을 흡수한다. 또 Mist 상으로 80~90℃의 고온 압축공기와 접촉하기 때문에, 윤활유는 산화·열화하여 슬러지를 생성하게 되므로 수명은 타의 윤활유보다 현저하게 낮다. 슬러지 생성은 필터의 막힘, 압축기의 과열, 축수나 펌프의 손상 등의 원인으로 된다. 이로부터 스크류 압축기의 윤활류로서 요구되는 성능 중에는 열이나 산화 안정성이 매우 중요하다는 것을 알 수 있다.

12.5.2 윤활유의 급유량

왕복동 압축기의 경우 크랭크 케이스의 윤활은 통상 기어펌프를 사용하여 순환급유하기 때문에, 오일게이지에 표시되는 유량을 정확하게 유지하여야 하며, 기어펌프의 급유압력을 관리한다. 또 토출밸브나 토출배관에서 카본의 생성은 윤활유의 종류와 급유량에 따라 크게 영향을 받게 되며, 특히 실린더쿠로의 급유량의 관리는 매우 중요하다.

급유량이 적은 경우, 실린더부의 마모가 발생하게 되며, 많은 경우에는 카본량 발생이 증가하여 사고로 이어질 가능성이 높아진다. 따라서 적정 급유량은 배기밸브를 떼어내고 실측하여, 약간 넘치는 정도가 적당하다. 적갈색의 녹이 떠 있지 않는 정도가 적당하며, 주위가 오일로 뒤덮여 있는 경우에는 과잉 급유이다.

한편 스크류 압축기의 경우, 오일 회수기, 오일냉각기, 윤활유 필터, 본체 등으로 규정량의 급유를 확보하는 것이 중요하다. 표 12.3에 스크류 압축기 보수에 있어서 주요한 윤활상의 문제점과 원인·대책을 정리하였다. 또 적정한 유량은 압축기 운전 중과 정지 시에 유면의 위치가 다르므로, 운전 중의 유면계의 적정 범위내로 되도록 오일 량을 관리하는 것이 필요하다.

표 12.3 윤활상의 문제점과 원인·대책

문제점	원인	대책
압축기의 과열	1) 윤활유량의 감소 • 오일필터의 막힘 • 오일냉각기의 오염 또는 배관 막힘 • 공기탱크의 압력저하(오일펌프의 송유 압력 부족) • 오일펌프의 고장 2) 윤활유량에 무관계 • 오일 냉각기의 냉각수오염 또는 냉각기 내부오염 • 써모 스타트 고장 • 엔진 냉각홴 밸트가 늘어나 냉각량 부족 (포터블 로타리 압축기의 경우)	• 분해·청소 • 자동압력 조절밸브 점검 • 시동전 점검 • 바이패스 써모스타트 교환 • 외부로부터 점검
오일 냉각기의 냉각효율저하	• 오일 냉각기에 슬러지 부착 • 냉각수량 부족 • 냉각수 오염	• 분해·청소 • 시동전 점검 • 외부로부터 점검
윤활유의 변질	• 수분혼입 • 과냉각에 의한 압축공기 중의 수분응축	• 바이패스 밸브 점검 및 조정 • 수분리성이 좋은 압축기 오일로 교환 • 드레인 배출
윤활유의 오염	• 공기필터의 효율저하, 파손	• 분해·청소 및 점검 • 에어필터 교환
녹 발생	• 수분혼입 • 드레인 배출 불량	• 드레인 배출 • 수분리성 및 방청성이 좋은 압축기·오일로 교환

12.5.3 냉각장치의 유지·보수

실린더 본체의 냉각과 중간냉각기의 냉각으로 압축기 효율은 높아지게 되지만, 과냉각의 폐해도 있으므로, 냉각수도 적정한 량을 공급하는 것이 좋다. 물때의 부착에 의한 냉각 효율 저하도 주의하여야 하지만, 공기 측의 카본의 축적도 간과해서는 안 될 중요한 문제이다. 또 압축기를 장시간 정지시켜 둘 경우에는 동결에 의한 손상을 방지하기 위해서 드레인을 빼어내, 물을 완전히 배수시킨다.

12.5.4 드레인 제거

통상 공기압축기는 실온의 대기를 압축하기 때문에, 냉각되면 대기 중의 수분이 석출하여, 윤활유와 혼합하여 드레인으로 된다. 이와 같은 드레인은 압축기로부터 토출하는 오일이나 카본 등과 섞여, 연마제적인 작용을 하기 때문에 드레인을 적절히 제거하지 않으면 배관이나 공기기기의 녹의 원인으르 되며, 결국에는 기기의 오작동이나 각종 불량으로 연결된다. 중간냉각기나 후냉각기 또는 공기탱크에 드레인이 축적되기 때문에 정기적으로 제거하여야 한다.

12.5.5 수분 제거

액적화 되거나 드레인되는 수분의 분리에는 공기필터를 사용한다. 압축 공기중의 수분제어의 방법으로는

- 원심분리에 의한 액적분리법
- 충돌판에 충돌시켜 액적분리

등이 있다. 또 압축공기중의 수증기(습분)의 제거에는

- 냉각하여, 압축공기중의 수증기를 노점온도로 응축 드레인화하여 분리
- 압축(30bar이상의 고압으로 압축)하여, 수증기의 분압을 증가시키면 수분의 포화점을 넘게 되므로, 액적화시켜 분리
- 액체 흡습제를 사용하여 제습
- 흡착제를 사용하여 제습

의 4가지 방법을 사용하거나 이들을 조합하여 시스템을 구성하고, 목적으로 하는 노점의 압축공기를 만든다. 일반적으로 공기압 회로나 계장용 공기압원으로 사용하는 제습장치에는 위의 4가지 방법을 중심으로 시스템화하여 사용한다.

찾아보기

(아)

(하)

저자 소개

이 재 형

- 현, (주) 대주기계 대표이사
- 1996년 경북대학교 최고경영자과정 수료
- 공기압축기 설비의 설계, 제작, 시공 등과 관련된 업무에 종사

김 희 동

- 현, 국립안동대학교 공과대학 기계공학부 교수
- 1991년 일본 Kyushu대학 졸업, 공학박사
- 저서 : "쉽게 배우는 유체역학", "유체역학" 외 다수, 기체의 고속 열/유동현상에 관심

정가 19,000원

省에너지형 공기압축기 시스템

2010년 2월 10일 초판 발행
저 자 : 이 재 형 · 김 희 동
발행자 : 우 명 찬 · 송 준
발행처 : 홍릉과학출판사
주 소 : 서울시 강북구 인수동 455-60
142-885
등 록 : 1976년 10월 21일 제5-66호
전 화 : (02)999-2274 ~ 5, 996-8341, 903-7037
팩 스 : (02)905-6729
ISBN : 978-89-7283-822-7
e-mail: hongpub@hongpub.co.kr
http://www.hongpub.co.kr

저자와의 협의하에 인지생략